JN314813

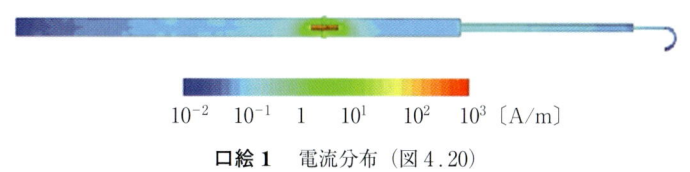

10^{-2} 10^{-1} 1 10^1 10^2 10^3 〔A/m〕

口絵 1 電流分布（図 4.20）

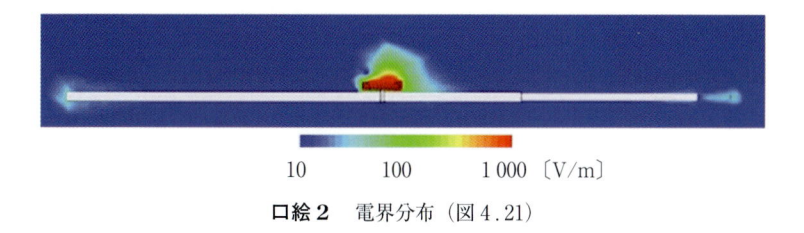

10 100 $1\,000$ 〔V/m〕

口絵 2 電界分布（図 4.21）

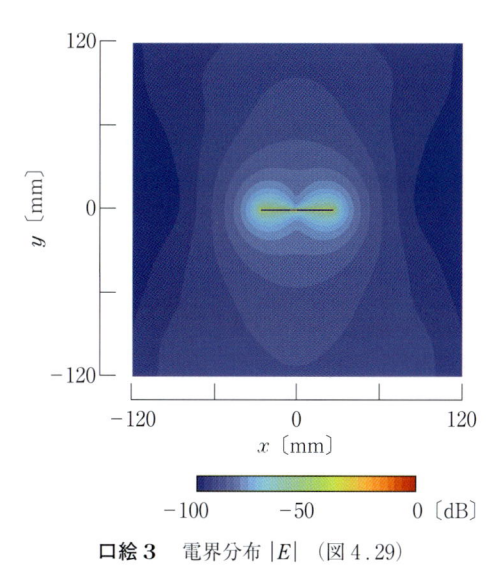

-100 -50 0 〔dB〕

口絵 3 電界分布 $|E|$ （図 4.29）

口絵 4　電流分布（図 4.30）

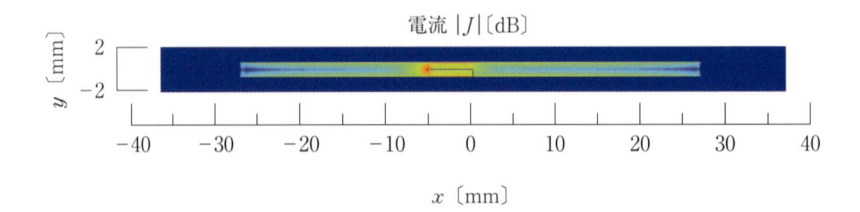

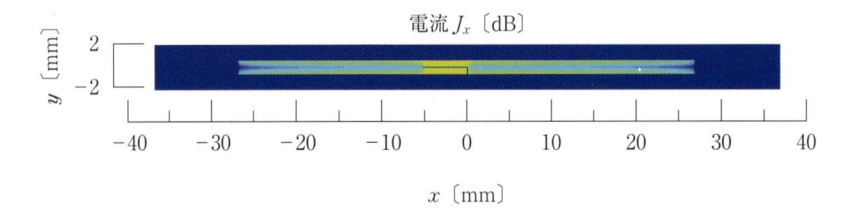

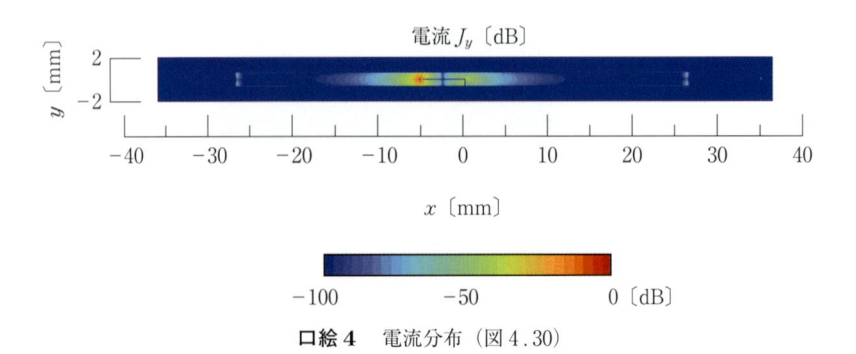

RFIDタグ用 アンテナの設計

博士（工学） 髙橋　応明　著

コロナ社

まえがき

　近年の RFID（radio frequency identification）の急速な普及には目覚ましいものがある。日本国内の状況を見てみれば，鉄道の乗車券，自動車運転免許証，パスポート，住宅の鍵など 13.56 MHz 帯を用いた複数のシステムが，電子マネーや認証の分野で着実に普及してきている。また，NFC（near field communication）という RFID の規格を統合して世界中で使えるシステムも登場している。RFID システムは，巨大なデータベースと細密に張り巡らされたネットワークがバックボーンにあるが，ユーザの目にはタグ（tag）しか見えていない。ユーザがすでに何枚も持っているタグは，いかに安価に大量に生産できるかが勝負となっており，その通信特性はタグのアンテナに依存する。タグ用アンテナの設計は，システム全体の中で最も難しいといっても過言ではない。これはアンテナの設計パラメータが，形状，材質，IC とのインピーダンス整合，通信エリアや各種規制の遵守等々と非常に多岐にわたるためである。普段持ち歩いている一見普通のカードのように見える RFID タグには，さまざまな課題を克服した技術が詰め込まれているのである。

　本書は，この RFID システムに欠かせない RFID タグ用アンテナの設計について基本的な知識の習得を目的としている。1 章では，RFID システムおよび RFID タグについて説明する。2 章では，RFID 用アンテナを理解するうえで必要な基礎知識について記す。3 章では 13.56 MHz 帯を中心とした電磁誘導方式 RFID タグの設計について，4 章では，900 MHz，2.45 GHz の UHF 帯 RFID タグの設計について説明する。5 章では，RFID タグの特性評価に必要な測定について述べる。

　タグ用アンテナの設計の基本概念は，通信用の小形アンテナの開発と大きく異なっている。しかしながら，本書で示しているいくつかのポイントさえ理解

できれば，設計も見通しよくできるであろう。

なお，無線を使用した個体認証の呼び名として，RFID，ワイヤレスカード，コンタクトレスICカード，非接触ICカード，RFIDタグ，無線タグ，などさまざまに使われている。本書では，これらのRFIDタグを活用したデータベース，ネットワークなどシステム全体を『RFIDシステム』とし，個体に付与されるものを『RFIDタグ』と表記している。

最後に，本書は，電子情報通信学会アンテナ伝播研究専門委員会が主催する"アンテナ・伝搬における設計・解析手法ワークショップ（第36回）"「無線ICタグ用アンテナの基礎」を基としており，貴重なご意見をいただいた本ワークショップ実行委員会の関係各位に謝意を表する。本書が，読者諸氏によるRFIDタグへの理解，研究開発の一助となれば幸いである。

2012年9月

髙橋　応明

目　　　次

1. RFIDシステム

1.1　RFID の 特 徴 ……………………………………………………… *1*
1.2　RFID システムの歴史 ……………………………………………… *7*
1.3　RFID タグの規格 …………………………………………………… *10*
1.4　RFID タグの形状 …………………………………………………… *12*
1.5　RFID タグ用アンテナ設計のポイント …………………………… *15*

2. RFID のための基礎

2.1　電　波　と　は ……………………………………………………… *18*
　2.1.1　電波の周波数 …………………………………………………… *18*
　2.1.2　電波の基本式 …………………………………………………… *22*
　2.1.3　平　面　波 ……………………………………………………… *26*
　2.1.4　偏　　　波 ……………………………………………………… *30*
2.2　電波の放射特性 ……………………………………………………… *31*
　2.2.1　波源からの放射 ………………………………………………… *31*
　2.2.2　微小電流素子からの放射 ……………………………………… *33*
　2.2.3　指　向　性 ……………………………………………………… *35*
　2.2.4　放射抵抗と入力インピーダンス ……………………………… *39*
　2.2.5　利　　　得 ……………………………………………………… *42*
2.3　基本的なアンテナ …………………………………………………… *45*
　2.3.1　線状アンテナ …………………………………………………… *45*
　2.3.2　板状アンテナ …………………………………………………… *50*
　2.3.3　RFID タグ用アンテナ ………………………………………… *52*

2.4 通信方式……………………………………………………53
2.5 NFC…………………………………………………………59
2.6 RFIDシステムの法規……………………………………60

3. 電磁誘導方式アンテナの設計

3.1 アンテナの基本設計………………………………………63
3.2 等価回路モデル……………………………………………68
  3.2.1 等 価 回 路……………………………………………68
  3.2.2 抵抗・インダクタンス………………………………70
  3.2.3 相互インダクタンス…………………………………73
3.3 応 用 事 例………………………………………………76

4. UHF帯アンテナの設計

4.1 アンテナの基本設計………………………………………78
4.2 RFIDタグでの受信電力……………………………………80
  4.2.1 ICとのインピーダンス整合…………………………80
  4.2.2 静 電 気 対 策……………………………………84
  4.2.3 通 信 距 離…………………………………………86
4.3 応 用 設 計 例……………………………………………87
  4.3.1 誘電体対応例（ダイポールアンテナ）………………88
  4.3.2 誘電体・金属対応例（パッチアンテナ）……………89
  4.3.3 金属対応例（折返しダイポールアンテナ）…………90
  4.3.4 広帯域化例（無給電素子付きダイポールアンテナ）……92
4.4 RFIDタグ用アンテナの数値解析例………………………97
  4.4.1 アンテナの構造………………………………………97
  4.4.2 解 析 領 域…………………………………………98
  4.4.3 シミュレーション結果………………………………99

5. RFID タグ用アンテナの測定

5.1 インピーダンス測定 …………………………………………………… *105*
  5.1.1 IC のインピーダンス ……………………………………………… *106*
  5.1.2 鏡　像　法 ………………………………………………………… *108*
  5.1.3 バランを用いた方法 ……………………………………………… *110*
5.2 放　射　特　性 ……………………………………………………… *112*
5.3 磁界分布の測定 ……………………………………………………… *115*
5.4 人体を考慮した測定 ………………………………………………… *120*
  5.4.1 人体等価ファントム ……………………………………………… *120*
  5.4.2 数値解析モデル …………………………………………………… *122*
  5.4.3 リストバンド型 RFID タグの測定 ……………………………… *123*

お　わ　り　に ……………………………………………………………… *128*
引用・参考文献 ……………………………………………………………… *130*
用　　語　　集 ……………………………………………………………… *136*
索　　　　　引 ……………………………………………………………… *144*

1.

RFID システム

　RFID は個体認証として用いられ，さまざまな用途で利用され普及し始めている。従来から利用されている個体認証と比較して優れた点が数々ある。本章では，RFID とは何かということを理解してもらうために，個体認証としての RFID の特徴やシステム，その歴史について解説する。また，通信用のアンテナと比較して，RFID タグ用のアンテナ設計が難しい点，設計のポイントについて述べる。

1.1　RFID の特徴

　個人を特定するためには，住所や電話番号，生年月日などさまざまな情報が必要である。例えば，これまでは電話番号は"家単位"であった。しかし，携帯電話の普及によって，電話番号が"個人単位"に割り振られた結果，その電話番号で個人が特定できるようになった。これまで，個体の管理というと，工業製品に付与されている製造番号くらいであったが，現在では，食の安全などの観点から農畜産物に至るまで広がってきている。このほか，物流における機械の効率化，株券の電子化・情報化などにより，今後，あらゆる個体に番号が振られ，個体認識が必要な社会になっていくことが考えられる。このため，個体を区別するユニークな番号（ID）を管理していくシステムが重要となる。

　これまで個体を認証する方法としては，物流ではおもに**バーコード**[1]† が使

---

†　肩付き数字は，巻末の引用・参考文献の番号を表す。

用されてきた。クレジットでは，エンボスカード（突起文字付カード）から始まり，つぎに，磁気テープを張り付けた磁気カードが使用されてきた。その後，それぞれ情報量の増加やセキュリティへの対応のため，二次元バーコードやICカードへと展開され，指紋，網膜や静脈，さらには声や顔を使った認証を行うバイオメトリクス（生体認証）へと発展した（**図 1.1**）。**表 1.1**にそれぞれの個体認証の種類と特徴をまとめて示す。RFID以外は，光学的または電

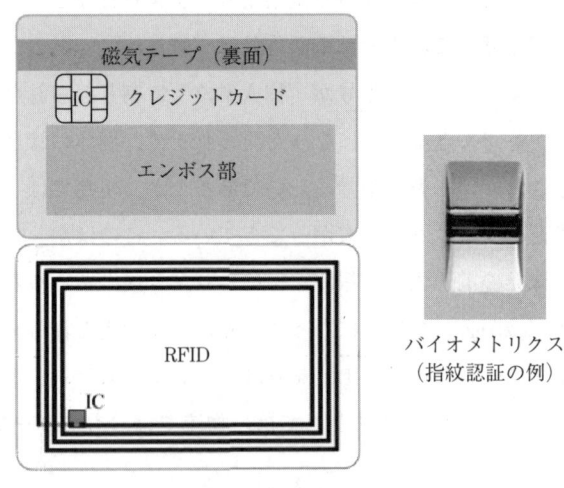

図 1.1 個体認証の例

表1.1 個体認証の種類と特徴

種類	経済性	読取り距離	書換え	汚れ	遮蔽	複数枚読取り	情報量
バーコード	印刷なので安価	極近	×	×	×	×	数十 Byte
二次元バーコード	印刷なので安価	極近	×	×	×	×	数 k Byte
磁気カード	比較的安価	接触	○	×	×	×	数十 Byte
IC カード	高価	接触	○	×	×	×	数十 k Byte
RFID	高価	近〜遠	○	◎	○（金属×）	○	数十 k Byte
バイオメトリクス	個人に帰するので無料	接触〜近	×	―	×	×	―

気的な接触によって読取りを行っているため，個体の極近傍でしか読み取ることができず，汚れや遮蔽に対しても弱いものとなっている。図1.2にRFIDの特徴をまとめて示す。タグが直接確認できなくても読込みが可能であり，汚れ

- **非接触**
  - ・通信距離は平均で 1〜100 cm
- **被覆可能**
  - ・遮蔽物（金属を除く）が入っても確認できる
- **小形・薄形**
  - ・貼付が可能な商品や製品の幅が広がる
- **ユニーク ID**
  - ・チップ単体に個別の識別子があるため，個体を個別に管理できる
- **環境・耐久性**
  - ・汚れ，振動に強く経年変化が少ないため，長期間にも耐えられる
- **書換え可能**
  - ・いったん書き込んだ情報に新たな情報を加えたり，書換えができる
- **移動中**
  - ・移動していても読み書きができる
- **複数同時読取り**
  - ・複数のタグを一度に認識することができる

図1.2 RFIDの特徴

や遮蔽に強い点，同時に複数のタグを読込み可能な点，情報の書換えが可能な点が，他の個体認証より優れている点といえる。

この個体認証の発展の一つに **RFID**（radio frequency identification）**システム**がある[2), 3)]。**図1.3**に示すように，RFIDシステムは，その用途，周波数，駆動方式，形状で分類される。

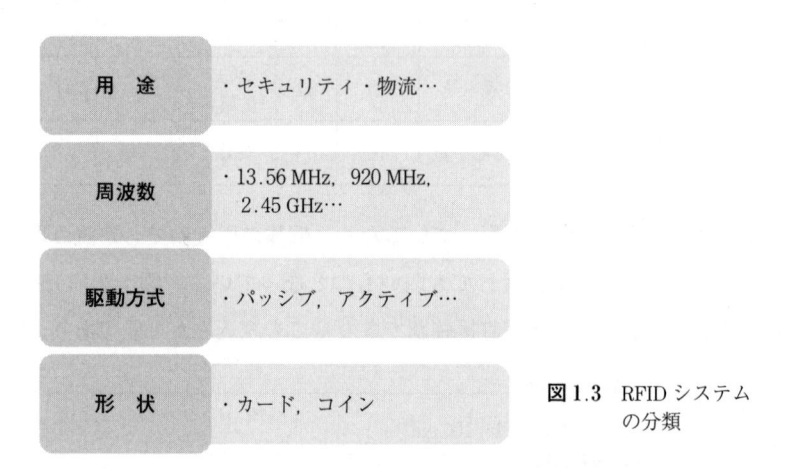

用　途	・セキュリティ・物流…
周波数	・13.56 MHz，920 MHz，2.45 GHz…
駆動方式	・パッシブ，アクティブ…
形　状	・カード，コイン

図1.3　RFIDシステムの分類

RFIDシステムの用途としては，**図1.4**に示すように，例えば電子マネー（Suica®やEdy®），物流管理システムのほか，社員証や学生証などの身分証明などと複合されて，部屋の入退室管理システムなどさまざまな用途に使用されるようになってきている[1), 2), 4)]。

図1.4に示すように，RFIDシステムはユーザが持つ**RFIDタグ**と，その情報を読み書きする**リーダ/ライタ**（Reader/Writer，以下，**R/W**という）から構成されている[5), 6)]。RFIDタグは，認証を行う個体に貼付して利用するという点ではバーコードと同様である。

バーコードは印刷のみで利用可能なため，コストが安価であることから，物品・物流管理などの分野で広く利用されている。

これに対し，RFIDシステムは，①課金，プリペイド，②セキュリティ管理，③物品・物流管理，トレーサビリティなどの分野で利用されているが[7)]，RFIDタグには，アンテナとICが必要であるためコストが比較的高くなるとい

1.1 RFID の特徴　　5

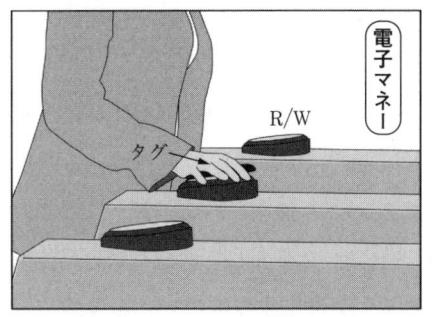

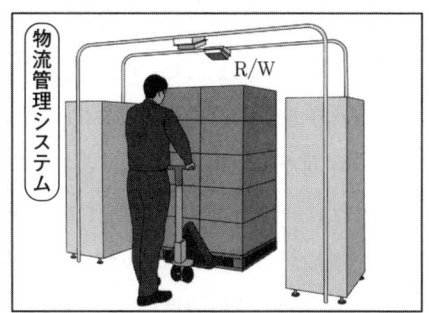

図 1.4　RFID システムの用途

う問題がある。磁気カード，IC カードもほぼ同様である。バイオメトリクスは，高い認識精度が要求されるため，さらに高価になる。

　通信距離に関していえば，RFID システム以外を用いた場合は，読取り距離が最大でも数十 cm 程度しか読み取ることができない。これに対して，RFID システムは，出力電力やアンテナの特性を変えることにより読取り可能な範囲を自由に調整できる。また，RFID システムでは IC とアンテナが動作していれば汚れていても読取りが可能であるのに対し，それ以外では汚れがついた場合には読取りが困難になる。RFID システムは IC を用いるため，保存できるデータの量も多く，暗号化技術によりセキュリティも期待できる。さらに，バーコードと異なり，アンチコリジョン（anti-collision）技術によって複数のタグを瞬時に読み取ることが可能であるため，物流管理や図書館での蔵書管理では，パレットごと，書棚ごとに一度で在庫をチェックすることができる。このように，RFID システムは，他の個体認証より有利な点が数多くあり，これか

1. RFIDシステム

らの社会に有用なシステムであることがわかる。

RFIDシステムは，ユーザ側で使用するタグと読取り装置（R/W）と，そのバックグラウンドにあるネットワークとデータベースから構成されている（図1.5）。身近なところでは，JR東日本の「Suica®」などに採用されている乗車券もタグの一種である。例えばJRの駅でSuica®を使うと，このタグにはどのような情報が紐付けされているかを，ネットワークを介してサーバが全部監視している。ただし，実際にはいちいち全部を監視するのはたいへんなので，JRの例では中継のポイントがいくつかあって，そこで処理する場合もある。しかし基本的には，巨大なネットワークとそれを統括するサーバとによるユーザの目には見えないシステムができている。また，RFIDでは読み取ったら即座に応答を返さなければならないため，高速で強固なネットワークが必要になる。このようなシステムなので，バーコードなどとは異なり，バックグラウンドのインフラにコストがかかることになる。

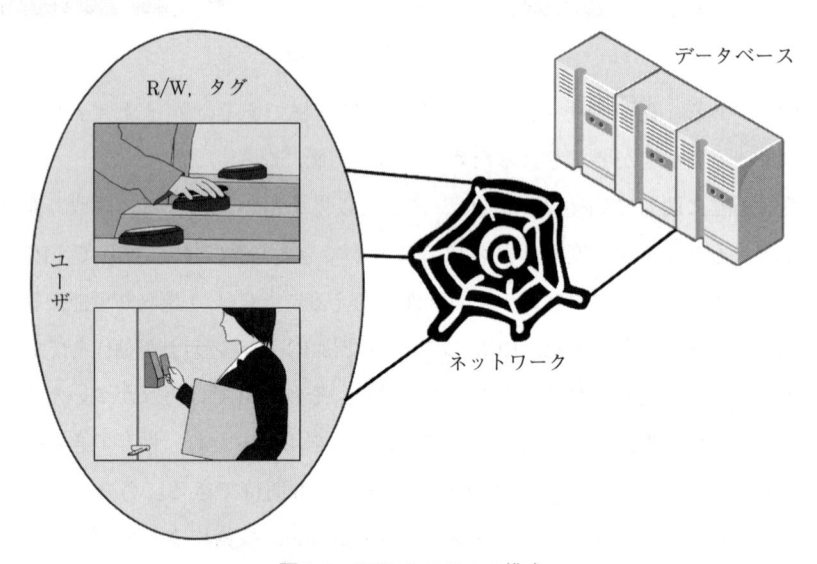

図1.5 RFIDシステムの構成

図1.6にRFIDタグおよびR/Wの構成を示す。タグはアンテナと送受信部および情報が記録されているメモリで構成され，送受信部とメモリはICチッ

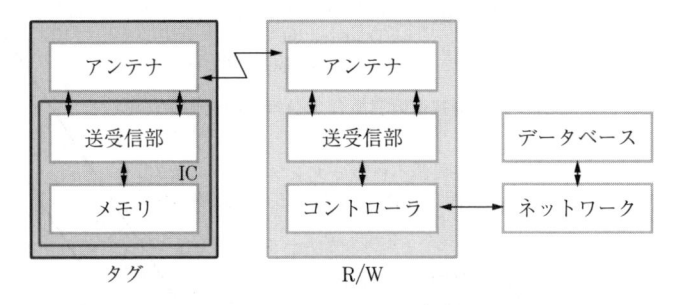

図 1.6 RFID タグおよび R/W の構成

プとして一体になっている．最近では，アンテナも含めてチップ化されているものも市場に登場している．R/W は，アンテナおよび送受信部とネットワークに接続するためのコントローラで構成される．

1.2 RFID システムの歴史

RFID システムの歴史を**図 1.7** に示す．1950 年代に，ヨーロッパで牛などの畜産管理のために使用されたのが最初の実用例であるといわれている[8]．1960 年代後半から，アメリカで核の管理のために利用され始めた．1970 年代には，自動車工場など FA（factory automation）分野にも広がりをみせ，日本でも 1980 年代後半には使用されている．

1990 年代に，ヨーロッパで車の盗難防止のためイモビライザが開発された．イモビライザは，キーの中の IC チップに書き込まれた ID を，R/W に相当するキーシリンダで読み込み，エンジン制御用のコンピュータに記録された ID と照合して，一致した場合にのみエンジンを始動させるものである．

1991 年の湾岸戦争のときには，米軍が補充物資管理に IC タグを利用し，コンテナの中身を見なくてもコンピュータで管理できるシステムを構築した．

日本においては，テレホンカードの偽造磁気カード対策として，1993 年 3 月から IC カード公衆電話システムが開始された．ただし，電波法改正前のシステムのため，R/W の出力が十分に出せず，電話機のポケットに挿入する形

1. RFID システム

- Transfer Jet® ソニーを中心とした15社 …… 2008年
- taspo（首都圏で開始）
- 次世帯空港システム技術研究組合 TSA（米国運輸保安局）と …… 2004年
  の UHF 帯タグを用いた相互実証実験
- 住民基本台帳ネットワークシステム …… 2003年
- 牛に RFID を装着することが義務化
- シンガポール：EZ-link …… 2002年
- 13.56 MHz：FeliCa®
- JR 東日本：Suica® システム導入 …… 2001年
- 高速道路料金収受システム ETC
- 国土交通省：13.56 MHz 帯，UHF 帯 …… 2000年
- 電子マネー Edy® …… 1999年
- 英国航空：13.56 MHz 帯，実用性を確認 …… 1998年
- …… 1997年
- 香港：Octopus カード …… 1996年
- 動物用 RFID システム …… 1995年
  （ISO 11784，11785：134 kHz 帯）
- 航空手荷物管理システムの実験（ルフトハンザ航空： …… 1993年3月
  125 kHz 帯，ノイズ影響が大きく実用化には至らない）
- IC カード公衆電話システム開始 …… 1991年
- アメリカ：湾岸戦争（軍が補充物資管理にICタグを利用，
  ピュータ管理システム構築）
- ヨーロッパ：イモビライザ開発（車の盗難防止） …… 1990年代
- 日本：FA で使用 …… 1980年代後半
- 自動車工場などFA分野 …… 1970年代
- 75年に特許公開 …… 1960年代後半
- アメリカ：核の管理のために利用
- ヨーロッパ：畜産管理のために使用 …… 1950年代

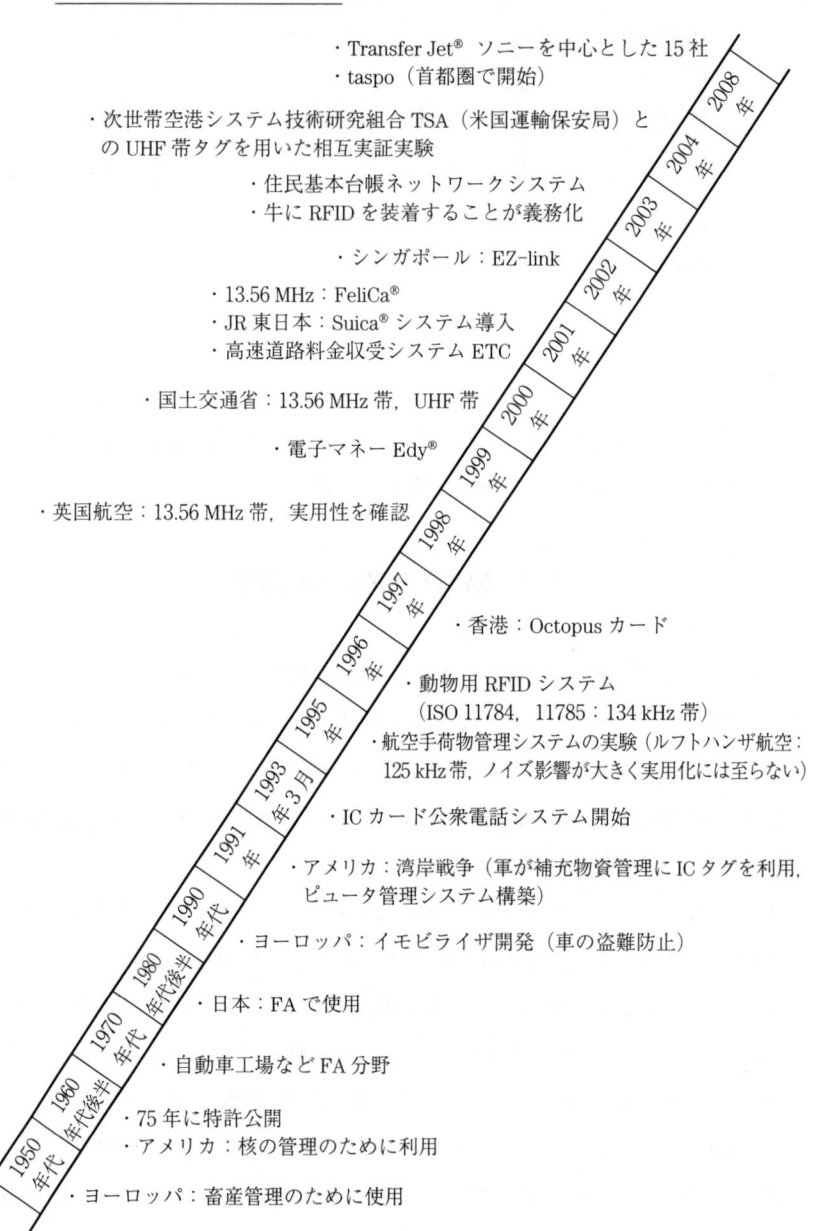

図1.7 RFID システムの歴史

で使用するものであった。カードの角を切断することで，回路の一部が切断され使用することが可能となり，ユーザが未使用かどうかを判断できるようになっていた。カードのメモリには電話番号を登録することができ，カードは2枚まで重ねて置くことにより選択的に使用することが可能であった[2]。

　1995年に，ルフトハンザ航空が125 kHz帯のRFIDタグを使用した航空手荷物管理システムの実験を行った。しかし，このときはノイズの影響が大きく実用化には至らなかった。1998年になると，英国航空が13.56 MHz帯で実験を行い，実用になることを確認した。日本では，2000年から国土交通省による実証実験が13.56 MHz，UHF帯で行われ，2004年3月から次世代空港システム技術研究組合（ASTREC）がe-タグを用いたTSA（米国運輸保安局）とのUHF帯タグを用いた相互実証実験を行っている[9]。

　1996年に動物用RFIDシステムの規格である134 kHz帯を使用するISO 11784，11785が規定された。ヨーロッパでは早くから動物の首輪や耳，皮下に装着して家畜の個体認識が生産管理や伝染病予防に使用されており，1980年代からのBSE（狂牛病）騒動のため，2003年には牛にRFIDを装着することが義務化され，広く普及することとなった。

　2001年11月，JR東日本が改札の通過時間の短縮と改札機のメンテナンスの削減のため，首都圏の約400の駅にSuica®のシステムを導入した。このシステムは，13.56 MHzのFeliCa®を採用している。FeliCa®はソニーが中心となって1988年ごろから開発が始まり，1996年に誕生した。FeliCa®は1997年9月にはOctopusカードとして香港の交通機関で使われ始め，1999年には電子マネーEdy®として，2002年4月にはシンガポールの交通機関でEZ-linkとして採用されている。

　2003年8月には，行政手続きのオンライン化を推進するため，住民基本台帳ネットワークシステムが稼働した。希望者には住基カードが発行され，約3 kByteの記憶容量に，住民票コードや個人認証のためのパスワードなどのさまざまな情報が記憶されている。2004年からは，自動車運転免許証も電子化されている。

RFID システムと同様のシステムとして，2001年5月から一般運用が始まった高速道路の料金収受システム ETC（electronic toll collection system）がある。ユーザ側の IC カードは接触式となっているが，5.8 GHz の双方向無線通信で ID のやり取りを行う。

また，2008年7月には，ソニーを中心とした15社から TransferJet® という近接無線通信が発表されている[10]。これは 4.48 GHz 帯を用いて，距離 3 cm 以内のデジタル機器どうしで通信速度 560 Mbps を実現し，映像などをやり取りする技術である。このように，RFID システムおよびその類似技術が急速に普及している。

1.3 RFID タグの規格

表 1.2 に示すように，RFID タグには，電源や発振回路を内蔵したアクティブ型（バッテリ搭載）と，電源を内蔵せず R/W からの電磁波を駆動電源とするパッシブ型（バッテリ非搭載）が存在する[11]。

表 1.2 RFID タグの駆動方式による種類

駆動方式	電源	長所	短所
アクティブ型	バッテリ内蔵	通信距離：数十 m	高価 バッテリ交換必要
パッシブ型	バッテリなし R/W からの電波を整流	安価 半永久	通信距離：数 m
セミパッシブ型	バッテリ内蔵 R/W から最初に起動されるまではパッシブ型動作	アクティブ型より電池寿命が長い	高価 バッテリ交換必要

アクティブ型は，バッテリの電力により通信距離を比較的大きくとることができ，10 m 前後の通信距離を持つタグも開発されている。しかしながら，バッテリを搭載するためにタグのサイズが大きくなり，価格も高価なる欠点がある。

これに対して**パッシブ型**は，アンテナと IC のみで構成されているため，通

信距離は短くなるが，構造がシンプルで小形化が可能である．また，バッテリを搭載していないために価格も安価である．

最近では**セミパッシブ型**が開発されている．これは，RFIDタグ内に電池を持つが，R/Wからの電波に応答して，最初に起動されるまではパッシブ型として動作し，起動されたあとはアクティブ型として動作する．アクティブ型に比べて電池の寿命が長いのが特徴であるが，同じく電池を搭載しているために価格は高価である．

さらに，RFIDタグは使用する用途により，課金やセキュリティ管理では通信距離を短く，物流管理などでは長くというように，必要とされる通信距離が異なっている．**表1.3**に，規定されている周波数と駆動方式を示す．アクティブ型は電源と発振回路があるため通信距離を長くでき，物流などに使用されている．パッシブ型RFIDタグは電源を搭載していないことから，通信と同時に駆動に必要な電力の伝送を行う必要がある．ほとんどの場合，この電力伝送可能な距離によって通信距離が決定される．この電力は電磁波で送信されるため，電力伝送可能距離は，搬送波周波数，R/W出力，通信方式，変調方式，符号化方式，ICの消費電力に加えて，実装されるアンテナの利得および周辺の電波環境によって決定される．

表1.3 周波数と駆動方式およびエアーインタフェース規格

	周波数	駆動方式	規格	用途
電磁誘導方式	135 kHz 未満	パッシブ	ISO/IEC 18000-2	イモビライザ 動物管理
	13.56 MHz	パッシブ	ISO/IEC 18000-3	電子マネー 入退室管理 電子乗車券
電波方式	433 MHz	アクティブ	ISO/IEC 18000-7	物流管理
	860〜960 MHz	パッシブ	ISO/IEC 18000-6	物流管理 空港手荷物
	2.45 GHz	パッシブ	ISO/IEC 18000-4	物流管理
		セミパッシブ	ISO/IEC 18000-4	入退室管理 駐車場管理

1.4 RFIDタグの形状

　RFIDタグの形状は，アクティブ型は電源を内蔵することからボックス形状をしているものが多いが，パッシブ型については，電源を内蔵していないためカード形状のものが多い。そのほかにも，コイン型[12]やキーホルダー型[13]なども存在する。ここでは，カード型，ボックス型のほか，体内埋込み型，歯装着型など一般にはあまり知られていない形状のものをいくつか紹介する。

〔1〕　**カード型RFIDタグ**

　カード型RFIDタグのサイズは横85.6 mm×縦54.0 mm，厚さ0.76 mmの「ID-1（ISO/IEC 7810）」に準拠しているものが多い。これは，これまでのクレジットカードの置換え要求が多いためである。カードに使用されているシートの材料は，PET（Polyethylene Terephthalate），PVC（Polyvinyl Chloride），ABS（Acrylonitrile Butadiene Styrene）といったものが使われているため，後述するアンテナの設計では，これらシートの誘電率などを考慮して設計する必要がある。

　カード型RFIDタグとして，代表的なものはSuica®やEdy®，住民基本台帳カードがあるが，それ以外にも最近登場したICカード免許証[14), 15)]やtaspo®（成人識別ICカード）[16)]が挙げられる。ICカード免許証は，一見しただけでは判別できない精巧な偽変造免許証に対して，犯罪などに不正に使用されるのを防ぐことができる。図1.8は運転免許証の情報確認リーダであり，手前にカード型のRFIDである運転免許証をかざして，情報を確認することができる。また，taspo®は未成年者の喫煙防止に向けた取組みの一環で始まったものであり，首都圏では2008年7月よりtaspo®がなければ自動販売機でのたばこ購入ができなくなった。

　このほか，航空手荷物管理システムに用いているタグは，カード型をそのまま流用して用いていることが多い。

1.4 RFIDタグの形状　13

図1.8 運転免許証の情報確認リーダ

〔2〕 ボックス型 RFID タグ

物流管理では，コンテナや荷物パレットに RFID タグを装着することにより，R/W ゲートを通過することで納品チェックが行える 433 MHz 帯を使用したアクティブ型[17] タグがある。また，物流管理だけではなく，登下校時の児童の見守り活動どにも利用されている。図1.9 のようなネームタグ形状の 303.825 MHz の免許不要の微弱電波を使用したタグ[18] もある。これらは，児童に持たせることにより通学路沿いの電柱などに設置した R/W で通過情報をメールで連絡するシステムに使用されている。コイン型電池で3年間使用可能

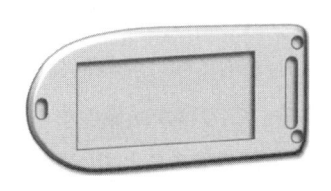

図1.9 ボックス型 RFID タグ
(303.825 MHz タイプ)

となっている[19]。

〔3〕 **体内埋込み型 RFID タグ**

体内埋込み型 RFID タグとしては，図 1.10 で示す構造のマイクロチップ[20)~22)]が挙げられる。マイクロチップは，ペットに埋め込む ID チップとよく似た装置である。ペット用の RFID タグは，米国でここ数年広がりを見せており，すでに何百万匹というペットに埋め込まれ，動物保護機関が迷子になったペットを探し出して飼い主に返すのに役立っている。

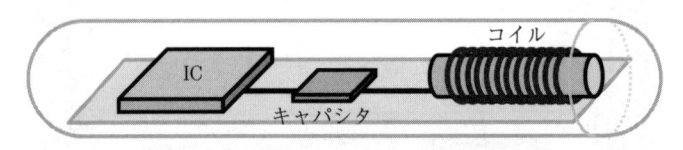

図 1.10 体内埋込み型タグ[20]（マイクロチップ）

マイクロチップは周波数 125 kHz で，その大きさは，米粒よりもやや大きい程度である。最大 120 cm 離れたところから R/W で読み取れる。利用する人の前腕か肩に埋め込むが，埋込み手術は外来で部分麻酔をかけて行われ，皮膚にはなんの痕も残らない。マイクロチップは，元々は医療情報（ペースメーカなどの体内機器を付けていることや，アレルギー体質であることなど）を病院の緊急医療担当者に伝える目的で開発されたが，特定の人しか入室できない場所へのセキュリティチェックなどにも実用されている。また，最近では ID 情報だけではなく，体温まで測定できるマイクロチップ[23]も市販されている。

〔4〕 **歯装着型 RFID タグ**

歯装着型 RFID タグは，治療で歯を削った際にできる空間に着目し，虫歯治療などの際，詰め物と一緒に氏名や生年月日などの個人情報を登録した RFID タグを埋め込むものである。文献 24）では，縦約 8 mm，横約 3 mm，厚さ約 2 mm の 13.56 MHz 帯の RFID タグをイヌの歯の中に収めた実験を行い，情報は 3 cm 程度離れても読み取れたという。しかも，歯に埋め込むため，生体の拒絶反応などは起きにくいメリットがある。このほか，歯の中に埋めた 2.45 GHz 帯の RFID タグを携帯電話などで情報を読み取ることで，個人を識別する

認証システムの研究が行われている[25]。これは，他人に携帯電話を使用されないよう認証する"鍵"にも使えるなど応用範囲は広い。

135 kHz 帯の歯装着型 RFID タグを使用した，法医学に代わる身元不明遺体の識別手段としての研究もなされている[26], [27]。身元不明遺体を識別する際には，法医学で多くの知識と複雑な作業が要求される。そこで，RFID タグを歯に貼付しておくことで，専門の知識がなくても簡単に個人が識別できることを目的としている。

1.5 RFID タグ用アンテナ設計のポイント

通常，アンテナは 50 Ω 系の給電線路に接続するのが普通であるため，入力インピーダンスが 50 Ω になるように設計する。しかし，RFID タグ，特にパッシブ型 RFID タグはアンテナと IC が直結しており，その IC の出力インピーダンスは 50 Ω とはなっていない。そのため，アンテナの入力インピーダンスは，IC の出力インピーダンスの複素共役に合わせる必要がある。したがって，50 Ω 系で構成されている測定系で測定する場合，インピーダンスの不整合による漏れ電流の低減や，低インピーダンスに伴う測定精度の改善など，さまざまな工夫が必要となる（図 1.11）。

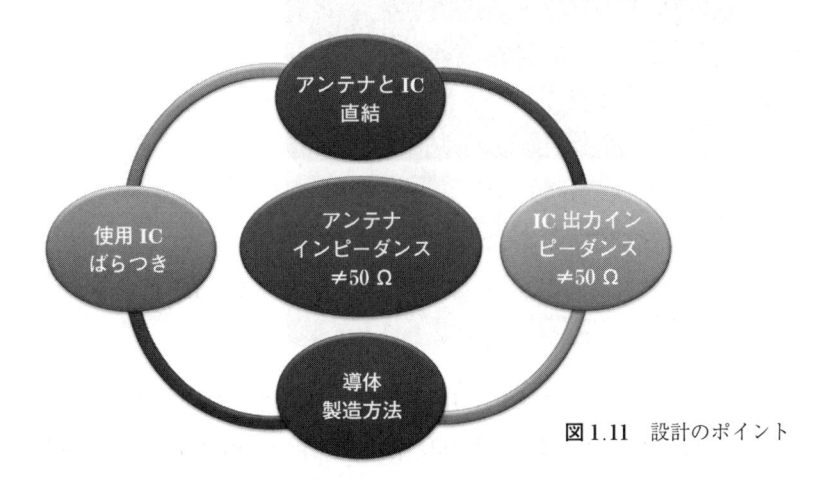

図 1.11　設計のポイント

RFIDタグに使用されているICは，メーカによって出力インピーダンスが異なっている．同じ型番でも製造ロットによりばらつきがあるため，アンテナに実装した場合，不整合により通信距離が短くなるなど問題が生じることがある．そのため，設計するアンテナの周波数特性に余裕を持たせる，調整機能を持たせる，などの対策を必要とする．

RFIDタグの製造方法には，図1.12に示すように，銅箔やアルミ箔をプレスで打ち抜く方法，エッチングやめっきで形成する方法や，金属ペーストをシルクスクリーンにより印刷して作製する方法[28),29)]，金属線を巻くなどさまざまある．しかし，パッシブ型RFIDタグは，R/Wからの電磁波エネルギーによりICを駆動するため，アンテナを構成する導体が低損失であることが重要となる．エッチングによる方法は，材料的には低損失であるが，コストがかかるほか，廃液の問題もあり，環境への影響が懸念されるという問題点がある．今後，RFIDタグをバーコードに代わって流通させるためには，製造コストは非常に重要なファクタとなるため，アンテナ導体には，コストの安価なアルミニウムなどが使われることが多い．アンテナ設計では，材料や製造方法の改善以外に，製造コストを下げるため，配線長を短くするなど工夫が必要となってくる．

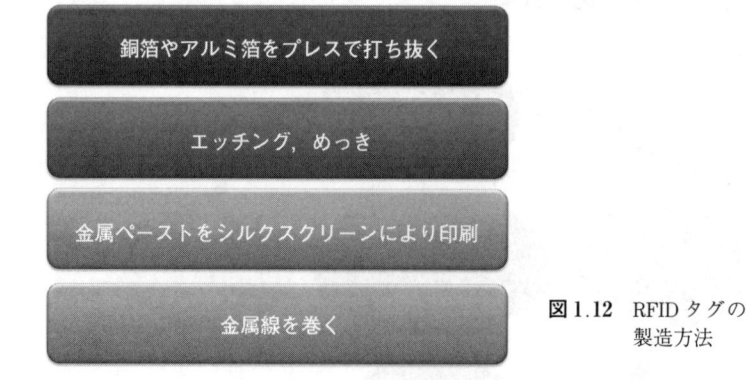

- 銅箔やアルミ箔をプレスで打ち抜く
- エッチング，めっき
- 金属ペーストをシルクスクリーンにより印刷
- 金属線を巻く

図1.12　RFIDタグの製造方法

さらに，RFIDタグを単独で使用する場合は大きな問題とはならないが，物流やトレーサビリティのように個体に貼付して用いる場合は，貼付する個体に

よって RFID タグの特性が大きく変化してしまうことがある。金属や液体，人体などに貼付する場合は，その影響が顕著であり，専用の設計が必要となる。特に，容量が変化する液体や，身動きする人体などは電気特性の変化幅が大きく，設計が困難となる（**図 1.13**）。

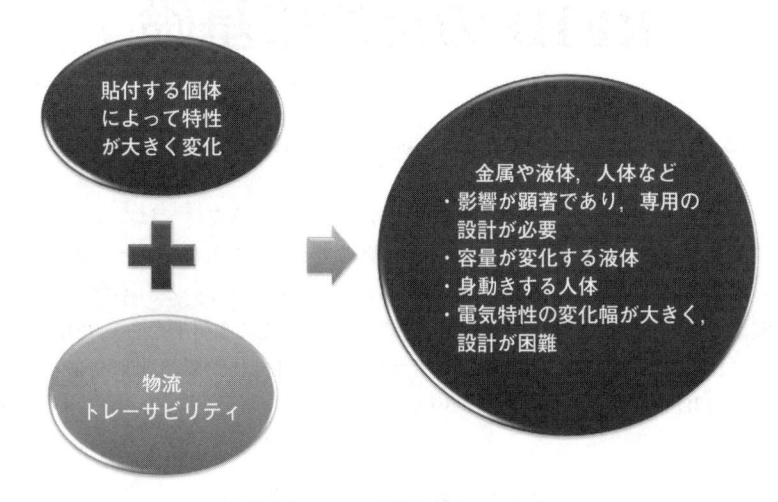

図 1.13 タグの貼付による問題点

以上のように留意するポイントがいくつもあるので，これらを考慮してアンテナを設計する必要がある。

2.

RFID のための基礎

　RFID は電波を利用して ID 情報をやり取りしているだけではなく，その情報を格納し，通信を担っている IC を駆動する電力も電波を使って供給する無線電力伝送（wireless power transmission）を行っている。本章では，電波の特性やそれを評価するための指標などの基礎的な事柄から，RFID タグに使用されている基本的なアンテナの特性，符号化や変調などの通信方式，RFID に必要な法規などについて解説する。

2.1 電波とは

2.1.1 電波の周波数

　RFID は電波を用いて，電源の確保と ID 情報のやり取りを行っている。電波の用途は，国によって周波数ごとに異なっている。図 2.1 に電波の周波数による分類とその呼称，おもな用途を示す。

　300 GHz ～ 3 THz 帯は，サブミリ波のほかにテラヘルツ波とも呼ばれる場合がある。3 THz までを一般に**電波**といい，それ以上を**光波**と呼んでいる。電波は，その周波数で分類されているが，波動であるため，波長の長さによっても分類でき，アンテナ長さなどはこの波長で表すことが多い。真空中の電波の伝搬速度は光の速度 c と等しく，2.998×10^8 m/s である。周波数 f 〔Hz〕と波長 λ 〔m〕の関係は

$$\lambda = \frac{c}{f} \quad \text{〔m〕} \tag{2.1}$$

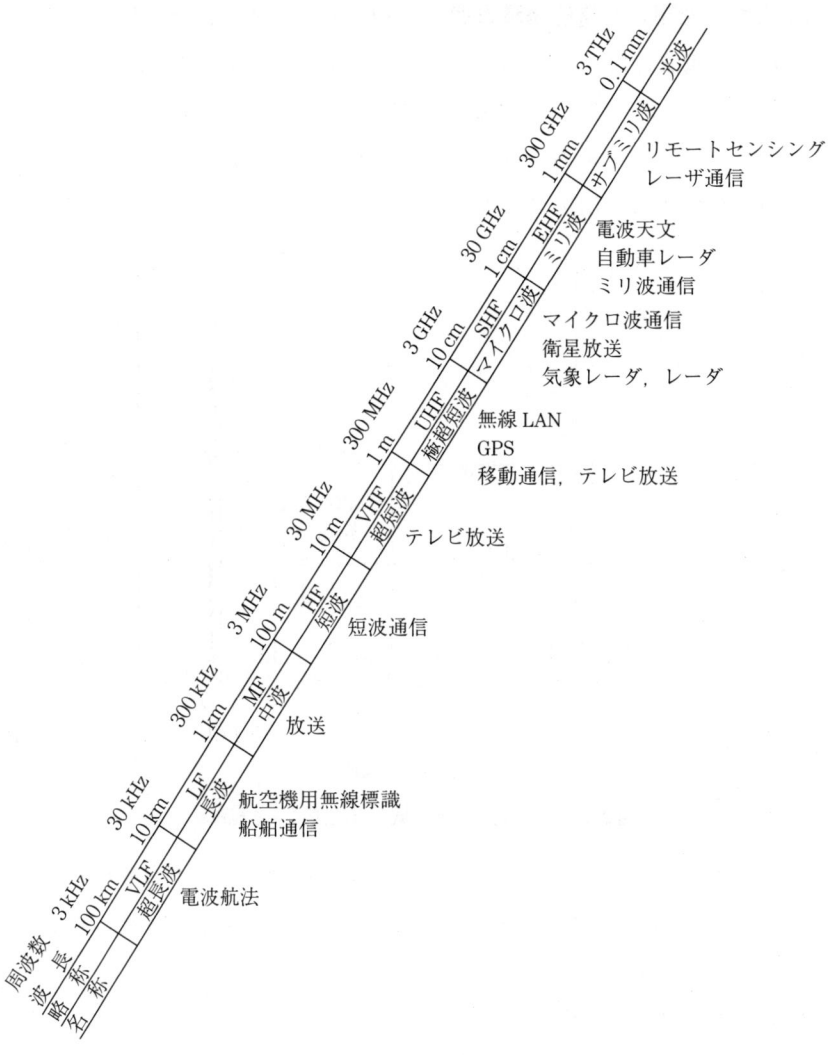

図2.1 電波の周波数による分類とその呼称，おもな用途

で表される．図中に，波長も示している．

　RFIDタグの搬送波として使用可能な周波数帯域は，ISMバンド（industrial, scientific and medical band：産業科学医療用バンド）を中心にいくつか決まっている．おもなものとしては，135 kHz帯（125 kHz[20]を含む）または13.56

MHz 帯などを用いた**電磁誘導方式**と，900 MHz 帯の UHF 帯または 2.45 GHz 帯を用いた**電波方式**である（このほかにも 433 MHz，5.8 GHz がある）。通信距離は，現行の電波法による規制値（**図 2.2**）に定められる R/W の出力に大きく左右され，放射電力（EIRP：equivalent isotropically radiated power）から，HF 帯では短く，UHF 帯では長くなる[3]。

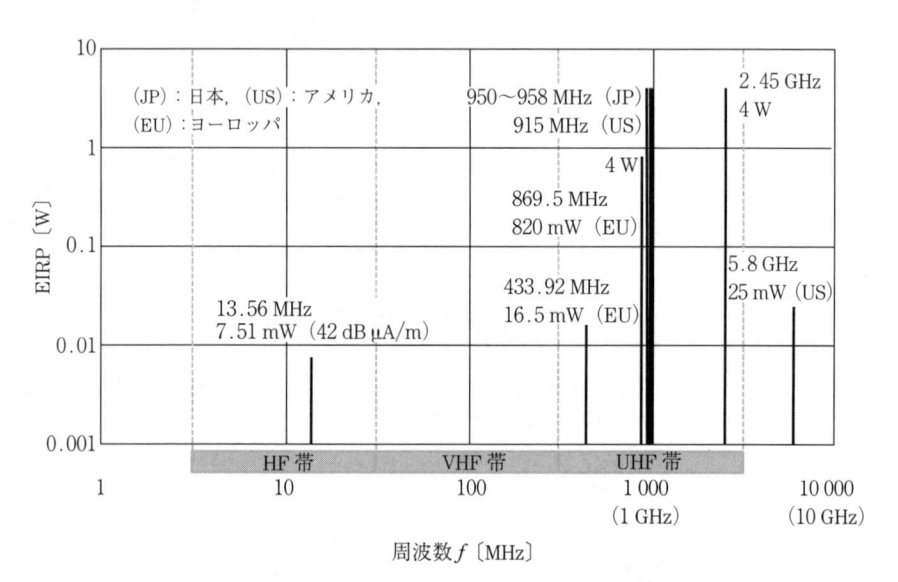

図 2.2 RFID 利用可能帯域と電波法による規制値

また，**表 2.1** に示すように，高い周波数の UHF 帯，マイクロ波帯で用いると，波長が短いために読取りを行う際に周囲の水分などの影響を受けやすくなるという特徴もある。

RFID システム利用分野の中でも，電磁誘導方式は，① 課金，プリペイド，② セキュリティ管理の分野で利用されることが多い。これは，その利用形態から通信可能なエリアを限定したいため，135 kHz 帯に比べ波長が短い 13.56 MHz 帯が一般的に広く用いられている。家畜管理，スキー場のリフト乗り場，回転寿司の皿，クリーニングの管理タグ，カジノのチップなどで利用される場合は，水や金属の影響を受けにくい特徴を生かして，135 kHz 帯がよく用いら

表 2.1 周波数による特徴

	電磁誘導方式		電波方式	
周波数	135 kHz 以下	13.56 MHz	900 MHz	2.45 GHz
通信距離	～0.3 m	～1.0 m	～数 m	～2.0 m
サイズ	小		大　→　小	
水，粉じんの影響	受けにくい　→　受けやすい			
アンテナ	コイル ループ，スパイラル		ダイポール パッチ	

れる[8), 12), 30)]。

　一方，電波方式は，③ 物品・物流管理，トレーサビリティなどで広く用いられている。この分野では，通信距離の延伸化要求が強く，2.45 GHz 帯と同じ送信出力が可能で，波長の長い 900 MHz 帯 RFID が注目されている。2.45 GHz 帯は，2005 年の日本国際博覧会愛知万博のチケットや，駐車場の入退場管理などに使用されている。これに対し，900 MHz（UHF）帯は，荷物パレットに積んだ物流管理などに使用されている[31)～33)]。また，この周波数は，パッシブタグシステムのほかにもスマートメータなどのアクティブ系省電力無線システムにも利用されている。図 2.3 に示すように，UHF 帯の周波数は，ヨー

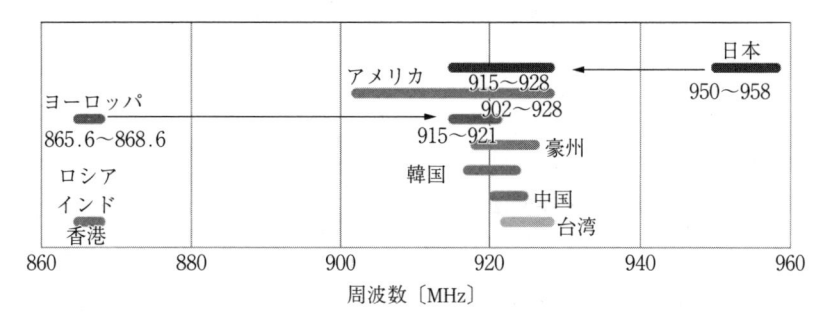

図 2.3　UHF 帯の周波数

ロッパでは850 MHz帯、アメリカや多くの国では920 MHz帯を使用しており、日本だけが大きく外れていた。ヨーロッパの周波数変更に伴い日本も2012年7月より920 MHz帯へ移行した[34]。

2.1.2 電波の基本式[35]

RFIDを扱うには、電波について理解する必要がある。アンペアの法則、ファラデーの法則、ガウスの法則などを統合的にまとめ、**電界** (electric field)、**磁界** (magnetic field) を表し、電波を予言したのがマクスウェル (Maxwell) である。電波を扱うにはマクスウェルの方程式が始発点となる。

マクスウェルの方程式は、以下の4式で表される。

$$\nabla \times H = J + \frac{\partial D}{\partial t} \tag{2.2}$$

$$\nabla \times E = -\frac{\partial B}{\partial t} \tag{2.3}$$

$$\nabla \cdot B = 0 \tag{2.4}$$

$$\nabla \cdot D = \rho \tag{2.5}$$

ここで、式 (2.2) は**アンペアの法則**で、磁界 H は電流 J と電界の時間変化(変位電流)で生じることを示している。式 (2.3) は**ファラデーの法則**で、電界 E は磁界の時間変化で生じる電磁誘導現象を表している。この2式を**マクスウェルの基礎方程式**という。ここでそれぞれの式の右辺は電界 E、磁界 H ではなく、電束密度 D、磁束密度 B で表しているが、それぞれは、以下の補助方程式で示される関係にある。

$$D = \varepsilon E \tag{2.6}$$

$$B = \mu H \tag{2.7}$$

$$J = J_0 + \sigma E \tag{2.8}$$

ただし、ε, μ は空間の**誘電率**、**透磁率**であり、真空中ではそれぞれ真空の誘電率 ε_0、透磁率 μ_0 である。また、J_0 は一次電流源(印加電流)であり、σE は導電電流、σ は空間の**導電率**である。ε, μ, σ が場所によって異なる不均質

媒質も存在するが，特別な場合を除けば式 (2.6) ～ (2.8) のように表すことができる．

式 (2.5) は，電荷密度 ρ から発生している電束の関係を示した**ガウスの法則**である．これに対し，式 (2.4) は，磁荷というものが単独では存在せず，磁束密度は閉じたループを形成していることを示している．

マクスウェルの基礎方程式は，式 (2.2) のアンペアの周回路の法則と式 (2.3) のファラデーの電磁誘導の法則から成り立っている．では，これらの式はどう導かれたのであろうか．マクスウェルは，**変位電流**という，導体を流れる導電電流と異なる概念を導入した．この変位電流はつぎのように解釈するとわかりやすい．**図 2.4** に示す交流回路を考えた場合，回路全体では電流 I が流れ，抵抗 R にもコンデンサ C にも同様に電流が流れる．

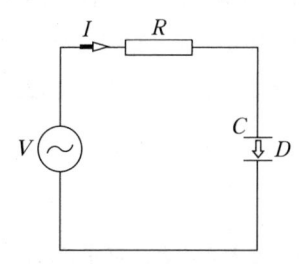

図 2.4 交流回路

コンデンサ内は導体ではないため，本来，導電電流は流れないが，電極間に電束密度 D が生じる．直流の場合は，電束密度 D が時間的には変化しないのでコンデンサに電流は流れないが，電束密度 D が時間的に変化する場合は電流が流れる．この電束密度 D の時間変化による電流が変位電流である．コンデンサの電極の面積を S，その法線ベクトルを $\bm{n}$ とすると，変位電流 I_d は

$$I_d = \frac{\partial}{\partial t} \int_S \bm{D} \cdot \bm{n}\, dS$$

と表される．マクスウェルはこの変位電流もアンペアの法則と同様に磁界を発生するものとした．

まず，アンペアの周回路の積分は，**図 2.5** に示すように，電流 I の周りに閉路 c を考え，この閉路 c に沿った微小な線分 dl に平行な磁界 H を周回積分す

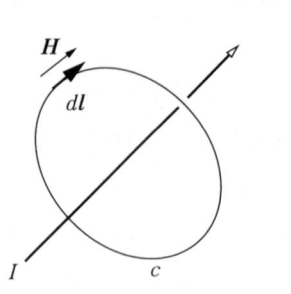

図 2.5 線電流と磁界　　図 2.6 電流密度

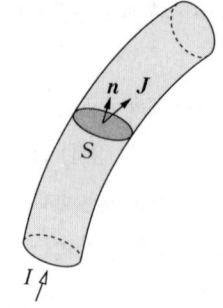

るものであり，次式で表される。

$$\oint_c \boldsymbol{H} \cdot d\boldsymbol{l} = I \tag{2.9}$$

ここで，図 2.6 のように，線電流ではなく，ある断面積を持つ電流を考える。単位面積当りの電流密度を $\boldsymbol{J}$，断面積を S，その法線ベクトル $\boldsymbol{n}$ を考えると，すべての電流は，これらの面積分で表されるので，式 (2.9) の右辺は次式のようになる。

$$\oint_c \boldsymbol{H} \cdot d\boldsymbol{l} = \int_S \boldsymbol{J} \cdot \boldsymbol{n} \, dS \tag{2.10}$$

さらに，先ほどの変位電流をあわせて考えると，拡張されたアンペアの周回路の積分の法則は次式のように表される。

$$\oint_c \boldsymbol{H} \cdot d\boldsymbol{l} = \int_S \boldsymbol{J} \cdot \boldsymbol{n} \, dS + \frac{\partial}{\partial t} \int_S \boldsymbol{D} \cdot \boldsymbol{n} \, dS \tag{2.11}$$

同様にファラデーの法則は，図 2.7 に示すように閉路 c のコイルに鎖交する

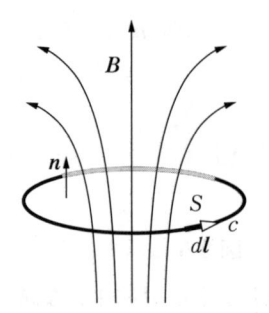

図 2.7 コイルと鎖交磁束

磁束密度 B が変化する場合，その時間変化に応じて閉路 c に起電力が生じる．この原理は，電磁誘導方式の RFID でも使われている．

ここで，閉路 c に囲まれた曲面を S とし，その法線ベクトルを n とすると式 (2.12) となる．

$$\oint_c \boldsymbol{E} \cdot d\boldsymbol{l} = -\frac{\partial}{\partial t}\int_S \boldsymbol{B} \cdot \boldsymbol{n}\, dS \tag{2.12}$$

式 (2.11)，(2.12) の左辺の周回積分をストークスの定理を用いて面積分すると，それぞれ

$$\int_S \left(\nabla \times \boldsymbol{H} - \boldsymbol{J} - \frac{\partial \boldsymbol{D}}{\partial t}\right) \cdot \boldsymbol{n}\, dS = 0 \tag{2.13}$$

$$\int_S \left(\nabla \times \boldsymbol{E} + \frac{\partial \boldsymbol{B}}{\partial t}\right) \cdot \boldsymbol{n}\, dS = 0 \tag{2.14}$$

となる．これが任意の曲面で成り立つためには，左辺の括弧内が 0 とならなばよいので，マクスウェルの基礎方程式 (2.2)，(2.3) が成り立つ必要がある．

マクスウェルの方程式により，電界，磁界を求めることはできるが，変数の種類が多くそのままでは扱いづらい．電界 E および磁界 H に着目し，時間的に角周波数 ω で正弦的に変化するとすれば，フェーザ表示を用いると時間に関する変化は $\exp(j\omega t)$ なので，時間の偏微分は $j\omega$ で置き換えられる．式 (2.2)，(2.3) は次式のように変形される．

$$\nabla \times \boldsymbol{H} = \boldsymbol{J}_0 + \sigma \boldsymbol{E} + j\omega\varepsilon \boldsymbol{E}$$

$$= \boldsymbol{J}_0 + j\omega\left(\varepsilon + \frac{\sigma}{j\omega}\right)\boldsymbol{E}$$

$$= \boldsymbol{J}_0 + j\omega\hat{\varepsilon}\boldsymbol{E} \qquad \hat{\varepsilon}：複素比誘電率 \tag{2.15}$$

$$\nabla \times \boldsymbol{E} = -j\omega\mu_0 \boldsymbol{H} \tag{2.16}$$

これらの回転をとると

$$\nabla \times \nabla \times \boldsymbol{H} = \nabla \times \boldsymbol{J}_0 + j\omega\hat{\varepsilon}\nabla \times \boldsymbol{E}$$

$$= \nabla \times \boldsymbol{J}_0 + \omega^2 \hat{\varepsilon}\mu \boldsymbol{H}$$

$$= \nabla \times \boldsymbol{J}_0 + k^2 \boldsymbol{H} \tag{2.17}$$

$$\nabla \times \nabla \times E = -j\omega\mu \nabla \times H$$
$$= -j\omega\mu J_0 + \omega^2 \hat{\varepsilon}\mu E$$
$$= -j\omega\mu J_0 + k^2 E \quad (2.18)$$

$$k = \omega\sqrt{\hat{\varepsilon}\mu} = \frac{2\pi f}{v} = \frac{2\pi}{\lambda} \quad (2.19)$$

となり，電流源 J_0 と磁界および電界だけの式に整理される。ここで k は**波数**（wave number）と呼ばれ，電波の伝搬定数（propagation constant）であり，2π〔m〕当りの波数を表す。

ここで，ベクトル公式 $\nabla \times \nabla \times A = \nabla(\nabla \cdot A) - \nabla^2 A$ を用いると，上式は次式のような**非斉次（非同次）ベクトルヘルムホルツ**（Helmholtz）**方程式**となる。

$$\nabla^2 H + k^2 H = -\nabla \times J_0 \quad (2.20\,\mathrm{a})$$
$$\nabla^2 E + k^2 E = j\omega\mu J_0 \quad (2.20\,\mathrm{b})$$

左辺にのみ，磁界および電界が含まれており，右辺が波源となる。特に波源がない空間では，式 (2.21) のように斉次（同次）方程式になる。こちらのほうが一般的にはヘルムホルツ方程式といわれている。

$$\nabla^2 H + k^2 H = 0 \quad (2.21\,\mathrm{a})$$
$$\nabla^2 E + k^2 E = 0 \quad (2.21\,\mathrm{b})$$

2.1.3　平　面　波

点波源から放射された電磁界は球面状に広がる球面波として伝搬していくが，距離が十分に離れた場所では電界と磁界が伝搬方向に直交し，あたかも電磁界が平面として振動しながら伝搬する**平面波**とみなすことができる。例えば，UHF 帯の RFID の R/W から十分離れた場所での電波などを表現するのに用いられる。

図 2.8 のように xy 平面に電界は x 方向のみ（E_x），磁界は y 方向のみ（H_y）が xy 平面内では大きさ一定（一様）で存在し，他の電磁界成分は存在しない。この一様な電波が z 方向に伝搬しているとする。

2.1 電波とは

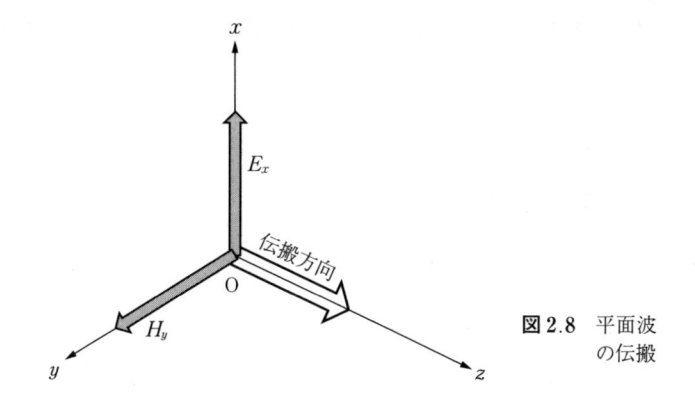

図2.8 平面波の伝搬

式 (2.21b) のヘルムホルツの式は直角座標系に変換して次式のように表される。

$$\left(\frac{\partial^2}{\partial x^2} + \frac{\partial^2}{\partial y^2} + \frac{\partial^2}{\partial z^2}\right)(E_x\hat{\boldsymbol{x}} + E_y\hat{\boldsymbol{y}} + E_z\hat{\boldsymbol{z}}) + k^2(E_x\hat{\boldsymbol{x}} + E_y\hat{\boldsymbol{y}} + E_z\hat{\boldsymbol{z}}) = 0 \tag{2.22}$$

ここで，$\hat{\boldsymbol{x}}$, $\hat{\boldsymbol{y}}$, $\hat{\boldsymbol{z}}$ は，各方向成分の単位ベクトルを表している。

xy 平面では，電界および磁界は一様であるため，x および y に関する偏微分項は 0 となる。電界に関しては E_x だけを考えているので，式 (2.22) は次式のようになる。

$$\frac{\partial^2 E_x}{\partial z^2} + k^2 E_x = 0 \tag{2.23}$$

式 (2.23) の解は次式のようになる。

$$E_x = E_1 \exp(-jkz) + E_2 \exp(jkz) \tag{2.24}$$

ここで，E_1, E_2 は波源の励振条件と境界条件によって決まる定数である。

さらに，電磁界が時間変化 $\exp(j\omega t)$ を考慮すると，時間変化も考えた電界 $\overline{E_x}$ は次式のようになる。

$$\overline{E_x} = E_1 \exp\{j(\omega t - kz)\} + E_2 \exp\{j(\omega t + kz)\} \tag{2.25}$$

第 1 項において一定の振幅を考えると，時間 t が大きくなると z も大きくなるので，第 1 項は z 方向に進んでいく進行波を表しており，第 2 項は逆方向に進行する波，つまり反射波を表している。ある位置での電界は，この進行波と

反射波の合成で求まることがわかる。このとき,平面波の伝搬速度 v は,$kdz - \omega dt = 0$ より次式となる。

$$v = \frac{dz}{dt} = \frac{\omega}{k} = \frac{1}{\sqrt{\varepsilon\mu}} \tag{2.26}$$

磁界成分 H_y に関しても同様に

$$H_y = \frac{1}{Z_0}\left(E_1 \exp(-jkz) - E_2 \exp(jkz)\right) \tag{2.27}$$

$$Z_0 = \sqrt{\frac{\mu}{\varepsilon}} \tag{2.28}$$

と表される。ここで Z_0 を**固有インピーダンス**または**波動インピーダンス**といい,真空中では $Z_0 = 120\pi \fallingdotseq 377\,\Omega$ となる。電界 E_x も磁界 H_y も,進行方向 z に対して直交する方向に振動する横波であることがわかる。このような波を **TEM 波**(transverse electro magnetic wave)ともいう。

自由空間($\sigma = 0$)ではなく損失のある空間における平面波伝搬では,式 (2.15) で用いた複素比誘電率を考える。このときの伝搬定数 k は,式 (2.19) より次式となる。

$$k^2 = \omega^2 \varepsilon\mu - j\omega\mu\sigma \tag{2.29}$$

ここで,伝搬定数 k の実部と虚部をそれぞれ α,β とすると,次式のように表される。

$$k = \beta - j\alpha \tag{2.30 a}$$

$$\alpha = \omega\sqrt{\varepsilon\mu}\sqrt{\frac{1}{2}\left\{\sqrt{1 + \left(\frac{\sigma}{\omega\varepsilon}\right)^2} - 1\right\}} \tag{2.30 b}$$

$$\beta = \omega\sqrt{\varepsilon\mu}\sqrt{\frac{1}{2}\left\{\sqrt{1 + \left(\frac{\sigma}{\omega\varepsilon}\right)^2} + 1\right\}} \tag{2.30 c}$$

平面波が $+z$ 方向に伝搬しているとすると

$$\exp(-jkz) = \exp(-\alpha z)\exp(-j\beta z)$$

となるため,α を**減衰定数**(attenation constant),β を**位相定数**(phase constant)という。変位電流と導電電流の比を**誘電正接**(**tan δ**)といい,次

式で表される。

$$\tan\delta = \frac{\sigma}{\omega\varepsilon} \qquad (2.31)$$

$\tan\delta \ll 1$ のときは

$$\alpha \fallingdotseq \frac{\sigma}{2}\sqrt{\frac{\mu}{\varepsilon}}$$

$$\beta \fallingdotseq \omega\sqrt{\varepsilon\mu}\left\{1+\frac{1}{8}\left(\frac{\sigma}{\omega\varepsilon}\right)^2\right\}$$

となる。金属のように，$\tan\delta \gg 1$ のときは

$$\alpha \fallingdotseq \beta \fallingdotseq \sqrt{\frac{\omega\mu\sigma}{2}}$$

となる。電界の強さが $1/e$（e は自然対数の底）となる伝搬距離は，**表皮厚**（skin depth）と呼ばれ次式となる（表皮厚は3.2.2で扱う）。

$$\delta_S = \frac{1}{\alpha} = \sqrt{\frac{2}{\omega\mu\sigma}} \qquad (2.32)$$

平面波が伝搬していくということは，その波が持つエネルギーも伝搬していることを意味する。交流回路において，複素電力は電圧 V と電流 I から $(1/2)VI^*$（$*$ は複素共役をとる）と表され，その実部が消費電力となる。この考え方を電磁界にも適用すると

$$P = \frac{1}{2}\mathcal{R}e(\boldsymbol{E}\times\boldsymbol{H}^*) = \frac{|\boldsymbol{E}|^2}{2Z_0} = \frac{Z_0}{2}|\boldsymbol{H}|^2 \quad [\mathrm{W/m^2}] \qquad (2.33)$$

と表され，電力密度を示している。この解釈はポインティング（J. H. Poynting）が初めて提唱したので**ポインティングベクトル**（Poynting vector）または**ポインティグ電力**（Poynting power）と呼ぶ。$\boldsymbol{H}^*$ は $\boldsymbol{H}$ の複素共役であり，$\boldsymbol{E}$，$\boldsymbol{H}$ ともに波高値を示している。図2.8に示した平面波の場合，電界と磁界のベクトル積 $\boldsymbol{E}\times\boldsymbol{H}$ は，z 方向成分を持ち，z の正の方向に伝搬している。この式は，真空中だけではなく，一般的に媒質中を伝搬する電磁波でも成り立つ。

2.1.4 偏　　　波

これまで扱ってきた平面波では，電界，磁界がそれぞれ一方向を向いており，その方向が時間によらず変化しないものであった．図2.9に示すように伝搬方向に対してx方向もしくはy方向にのみ電界が変化するものを**直線偏波**という．**偏波**とは，電界の向きを表している．電波方式であるUHF帯のRFIDでは，この偏波が重要であり，RFIDタグの偏波とR/Wの偏波が直交していると認識できない．

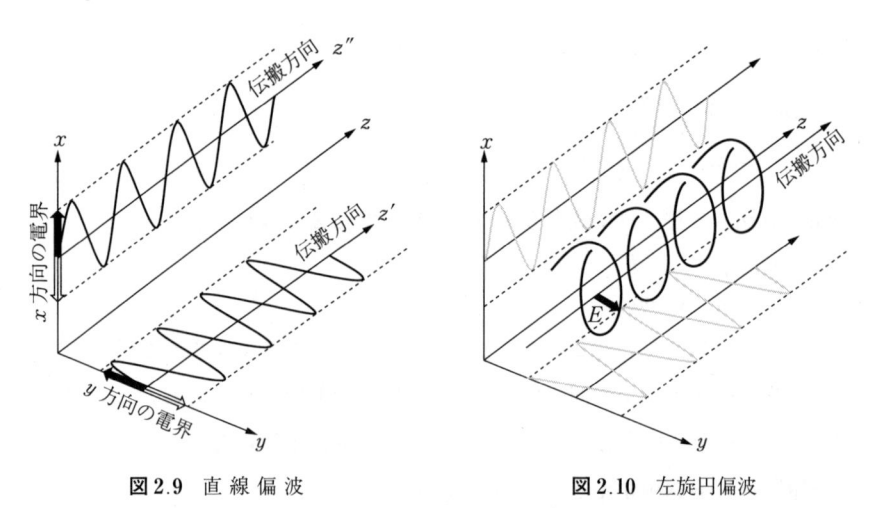

図2.9　直線偏波　　　　　　図2.10　左旋円偏波

直線偏波のうち，電界の変化方向が大地に垂直なものを**垂直偏波**，平行なものを**水平偏波**という．これに対して，図2.10のように2方向の電界変化を重ね合わせ，電界の方向が回転し周期的に変化するものを**楕円偏波**という．特に電界ベクトルの大きさが一定で回転しているものを**円偏波**という．観測点zを固定し，送信側から伝搬方向を見たときの電界の時間に対する回転方向により，左回りを**左旋円偏波**，右回りを**右旋円偏波**という．図2.10は左旋円偏波を示している．UHF帯のRFIDでは，RFIDタグの向きによらず読取りを可能にするため，R/W用アンテナに円偏波を用いているものが多い．

円偏波はx方向とy方向の直線偏波の和として考えることができ，次式で示される．

$$E = E_x \exp\{-j(kz-\phi)\}\hat{x} + E_y \exp\{-j(kz-\varphi)\}\hat{y} \tag{2.34}$$

時間因子 $\exp(j\omega t)$ を上式に乗じてその実部をとり，x，y 軸方向の電界の各成分を記すと

$$\left.\begin{array}{l} x = E_x \cos(\omega t - kz + \phi) \\ y = E_y \cos(\omega t - kz + \varphi) \end{array}\right\} \tag{2.35}$$

となり，$\omega t - kz$ を消去すると

$$\frac{x^2}{E_x^2} - \frac{2xy}{E_x E_y}\cos(\phi-\varphi) + \frac{y^2}{E_y^2} = \sin^2(\phi-\varphi) \tag{2.36}$$

が得られる。ここで，ϕ，φ はそれぞれ x 方向，y 方向の位相を示す。位相差 $\phi-\varphi$ が $\phi-\varphi = n\pi$ ($n=0$, 1, $2\cdots$) のときは，直線偏波になる。また，$\phi-\varphi = \pi/2$ のときは左旋円偏波に，$\phi-\varphi = -\pi/2$ のときは右旋円偏波となる。

2.2 電波の放射特性

2.2.1 波源からの放射

RFID では，電波の放射源として用いるアンテナによって通信距離が大きく変わってくる。波源のアンテナから放射される電磁界は，ヘルムホルツの方程式で表現可能であるが，ある場所の電界，磁界を求めるには，電荷と関係するスカラポテンシャルと電流と関係するベクトルポテンシャルという数学的な変数を導入すると便利である。

式 (2.4) より $\nabla \cdot \boldsymbol{H} = 0$ となり，ベクトル公式 $\nabla \cdot \nabla \times \boldsymbol{A} = 0$ と比較することにより，磁界 $\boldsymbol{H}$ は次式のように表される。

$$\boldsymbol{H} = \nabla \times \boldsymbol{A} \tag{2.37}$$

これを式 (2.16) に代入することにより

$$\nabla \times (\boldsymbol{E} + j\omega\mu\boldsymbol{A}) = 0 \tag{2.38}$$

となる。さらに，ベクトル公式 $\nabla \times \nabla\phi = 0$ と比較することにより，電界 $\boldsymbol{E}$ は次式で表される。

$$E = \nabla\phi - j\omega\mu A \tag{2.39}$$

式 (2.37), (2.38) で示すように磁界および電界をベクトルポテンシャルおよびスカラポテンシャルで表すことができる。このベクトルポテンシャルおよびスカラポテンシャルと物理的な意味を結びつけよう。式 (2.37), (2.39) を式 (2.15) に代入すると

$$\nabla \times \nabla \times A - k^2 A - j\omega\varepsilon\nabla\phi = J_0 \tag{2.40}$$

となる。ここで、ベクトル公式 $\nabla \times \nabla \times A = \nabla(\nabla \cdot A) - \nabla^2 A$ を用いると、$\nabla(\nabla \cdot A) - \nabla^2 A - k^2 A - j\omega\varepsilon\nabla\phi = J_0$ となり、整理すると次式のようになる。

$$\nabla(\nabla \cdot A - j\omega\varepsilon\phi) - \nabla^2 A - k^2 A = J_0 \tag{2.41}$$

ここで、ベクトルポテンシャル A とスカラポテンシャル ϕ は式 (2.41) の括弧内が 0 となるように次式を選択する。

$$\phi = \frac{1}{j\omega\varepsilon}\nabla \cdot A \tag{2.42}$$

その結果、式 (2.41) は次式のようになる。

$$\nabla^2 A + k^2 A = -J_0 \tag{2.43}$$

式 (2.39) の電界 E は、ベクトルポテンシャル A だけで表され次式となる。

$$E = -j\omega\mu\left(A + \frac{\nabla\nabla \cdot A}{k^2}\right) \tag{2.44}$$

電界 E は、ベクトルポテンシャル A を求めれば決定することがわかる。図 2.11 のように座標を取ると、式 (2.43) よりベクトルポテンシャル A は次式のように求まることから、波源 r_0 および観測点 r の座標が定まれば、式 (2.44), (2.37) より、電流源 J_0 による電磁界 E, H が求まる。

$$A = \frac{1}{4\pi}\int_V \frac{J_0(r_0)}{|r-r_0|}\exp\left(-jk|r-r_0|\right)dV \tag{2.45}$$

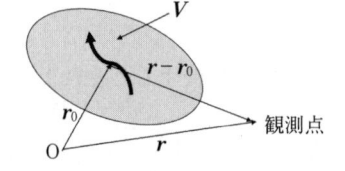

図 2.11 波源ベクトルと観測点ベクトル

2.2.2 微小電流素子からの放射

最も基本的な波源としては,微小電流素子が挙げられる。**微小電流素子**は,波長 λ に比べ十分に短い長さ l の線状電流素子である。**図2.12**に示すように,この線状電流素子に線電流 I が一様に z 方向に流れているとする。このとき,式 (2.45) で示したベクトルポテンシャルは z 成分だけとなり,さらに電流素子の長さが微小なので,体積分は長さ l を被積分関数に乗じるだけでよく,次式のように表される。

$$A = \frac{Il}{4\pi r}\exp(-jkr)\hat{z} \tag{2.46}$$

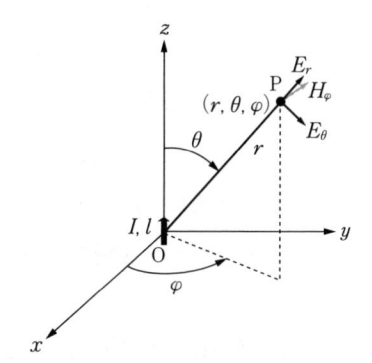

図2.12 微小電流素子からの放射

式 (2.46) を式 (2.37),(2.44) に代入することで,微小電流素子からの電磁界が求まる。

$$\left.\begin{aligned}
E_r &= \frac{Il}{j2\pi\omega\varepsilon}\left(\frac{1}{r^3}+\frac{jk}{r^2}\right)\cos\theta\exp(-jkr)\\
E_\theta &= \frac{Il}{j4\pi\omega\varepsilon}\left(\frac{1}{r^3}+\frac{jk}{r^2}-\frac{k^2}{r}\right)\sin\theta\exp(-jkr)\\
H_\varphi &= \frac{Il}{4\pi}\left(\frac{1}{r^2}+\frac{jk}{r}\right)\sin\theta\exp(-jkr)\\
E_\varphi &= H_r = H_\theta = 0
\end{aligned}\right\} \tag{2.47}$$

微小電流素子からの電磁界の各成分は,r^{-3},r^{-2},r^{-1} の距離に依存する3項から成り立っている。**図2.13**で示すように,波源に近い場所では,r^{-3} の

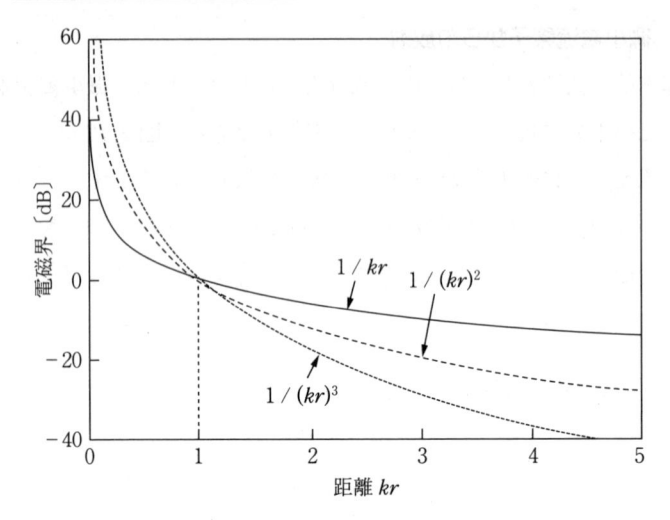

図 2.13 距離に対する電磁界の大きさ

項が主となり，**準静電界**（quasi-static field）という。磁界の r^{-2} の項は，ビオ・サバールの法則に基づくものと一致し，**誘導界**（induction field）といわれる。十分に遠方になると，r^{-1} の項が支配的になり，**放射界**（far field）という。

波源から十分に遠方での遠方放射界を式 (2.46) から求めると次式のようになる。

$$\left. \begin{aligned} E_\theta &= \frac{jkIl}{4\pi} Z_0 \frac{\exp(-jkr)}{r} \sin\theta \\ H_\varphi &= \frac{jkIl}{4\pi} \frac{\exp(-jkr)}{r} \sin\theta \\ E_r &= E_\varphi = H_r = H_\theta = 0 \end{aligned} \right\} \quad kr \gg 1 \qquad (2.48)$$

図 2.12 からもわかるように，E_θ，H_φ は電磁波の進行方向 $\hat{r}$ に対してたがいに直交しており，また，E_θ と H_φ の比は，$E_\theta = Z_0 H_\varphi$ と空間の固有インピーダンスとなっており，平面波と同様である。

2.2.3 指向性

放射電磁界は，放射（伝搬）する方向によって強度が異なっており，このことを**指向性**（directivity）という．一般的には，次式で表される．

$$E(r,\theta,\varphi)=C\frac{\exp(-jkr)}{r}D(\theta,\varphi)=C\frac{\exp(-jkr)}{r}\{E_\theta(\theta,\varphi)\hat{\boldsymbol{\theta}}+E_\varphi(\theta,\varphi)\hat{\boldsymbol{\varphi}}\}$$

(2.49)

C は，波源となる電流や磁流の大きさによって決まる定数であり，$\exp(-jkr)/r$ は距離に応じて減少していく項である．また，$D(\theta,\varphi)$ は**指向性係数**といわれ，放射方向に依存する強度を表す．この指向性係数を図示したものが**放射パターン**（radiation pattern）である．

微小電流素子の放射パターンは，式 (2.47) に示されるように，θ 方向にのみ $\sin\theta$ で変化し，φ 方向には一様となっている．図 2.14 に示すように，z 軸を中心として φ 方向には一様なドーナツ状の放射パターンとなっている．このように，ある特定の面において一様な指向性を示すものを，**全方向性**（omnidirectional）という．

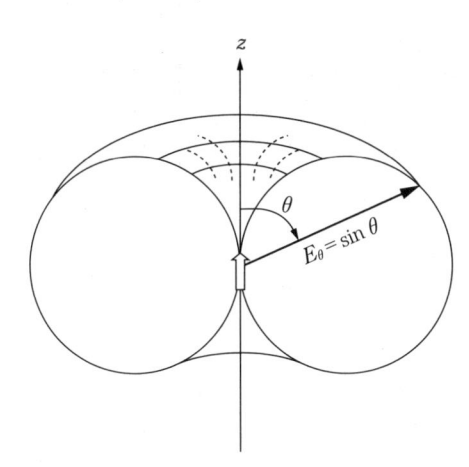

図 2.14 微小電流素子の指向性

これに対し，すべての方向に一様に放射する指向性を**無指向性**，**等方性**（isotropic）といい，$D(\theta,\varphi)=C$（定数）となる．現実には，等方性の波源は存在せず，仮想的なものである．一方，波源を含む面では，8 の字型の指向性

を示し，$\theta = 90°$ が最大の放射方向になる．**図 2.15** のように，電界ベクトルを含む面での指向性を図示したものを **E 面パターン** といい，磁界ベクトルを含む面の放射パターンを **H 面パターン** という．

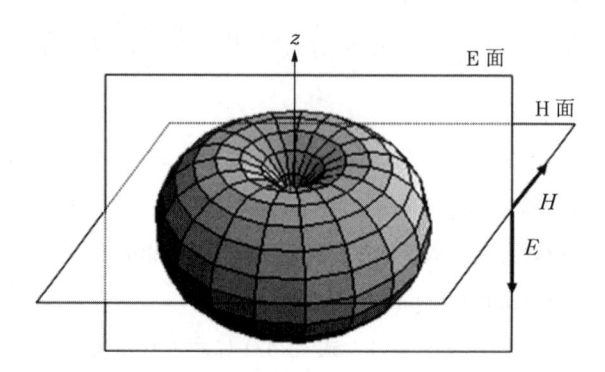

(a) 放射パターンの三次元表示

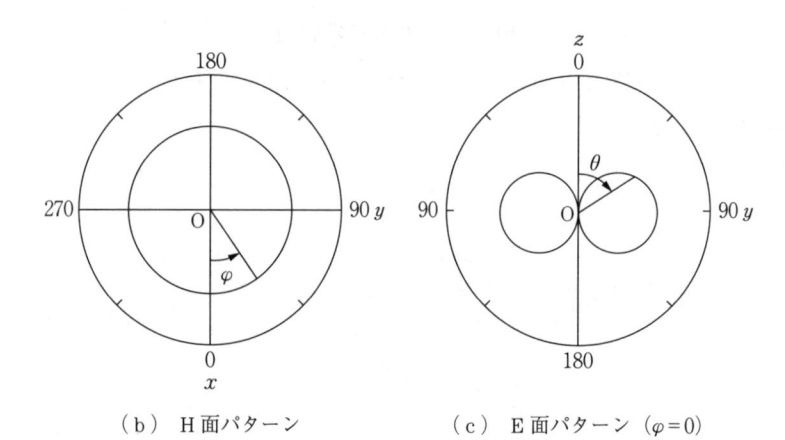

(b) H 面パターン　　　(c) E 面パターン（$\varphi = 0$）

図 2.15 微小電流素子の放射パターン

実際のアンテナの指向性は，どのようにして求められるのだろうか．アンテナ上の電流（磁流）分布がわかれば，それを微小電流（磁流）素子の集まりとして考えることができる．そして，式 (2.47) あるいは (2.48) を微小素子の向きに合わせて座標変換し，素子の分布に合わせて積分することで，アンテナの指向性が求められる．UHF 帯の RFID タグのアンテナとしてもよく用いられ

る，最も基本的な**半波長ダイポールアンテナ**（half-wave dipole antenna）を例に，指向性を求めてみる．図 2.16 に示す半波長ダイポールアンテナは，z 軸上に上下 $\lambda/4$ ずつの 2 本の線状導体で構成され，原点 O において 2 本の線状導体に給電する．この線状導体の半径が長さに比べて十分小さいとき，線状導体上に流れる電流分布は正弦波状になり，原点 O で最大，端部で 0 とみなすことができる．

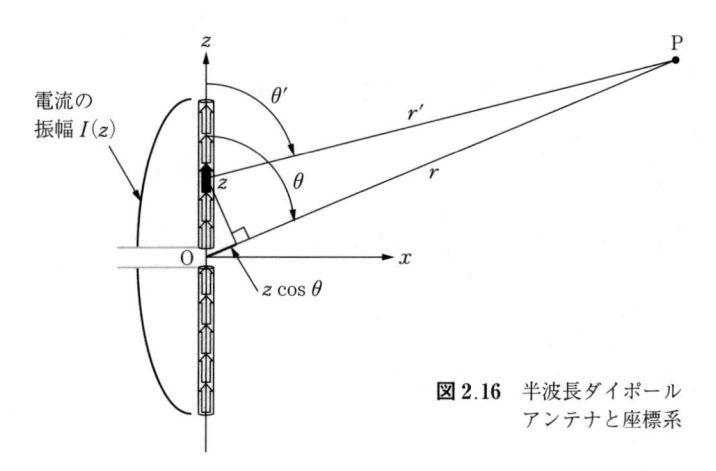

図 2.16 半波長ダイポールアンテナと座標系

このときの電流分布は，次式で表すことができる．

$$I(z) = I_0 \cos(kz) \qquad \left(-\frac{\lambda}{4} \leq z \leq \frac{\lambda}{4}\right) \tag{2.50}$$

半波長ダイポールアンテナは，微小電流素子が連なったものとして考えることができる．観測点 P が原点 O より十分遠いとし，その距離を r とする．図のように，原点 O から距離 z 離れた微小電流素子からの放射を考える．この微小電流素子と観測点 P との距離を r' とすると，その放射界は次式で表すことができる．

$$dE_\theta = \frac{jkI(z)dz}{4\pi} Z_0 \frac{\exp(-jkr')}{r'} \sin\theta' \tag{2.51}$$

ここで，観測点 P が十分遠方であることから，r，r' は，ほぼ平行とみなせる．このことから $\sin\theta' \fallingdotseq \sin\theta$ である．また，r' 側から r に下した垂線との交

点と原点との距離が $z\cos\theta$ となり，$r' \fallingdotseq r - z\cos\theta$ と近似できるので，式 (2.51) は，次式のように近似することができる．

$$dE_\theta = \frac{jkl(z)}{4\pi r} Z_0 \exp\{-jk(r - z\cos\theta)\} \sin\theta dz \tag{2.52}$$

十分遠方では振幅に関する $1/r'$ は $1/r$ としても差異はほとんどないが，位相項 $\exp(-jkr)$ は周期的に変化するので $z\cos\theta$ を省略することができない．

式 (2.52) をアンテナ全体にわたって積分すると，次式のようになる．

$$\begin{aligned}
E_\theta &= \frac{jk}{4\pi} Z_0 \sin\theta \int_{-\lambda/4}^{\lambda/4} \frac{l(z)}{r} \exp\{-jk(r - z\cos\theta)\} dz \\
&= \frac{jkI_0}{4\pi} Z_0 \frac{\exp(-jkr)}{r} \sin\theta \int_{-\lambda/4}^{\lambda/4} \cos(kz) \exp(jkz\cos\theta) dz \\
&= \frac{jkI_0}{4\pi} Z_0 \frac{\exp(-jkr)}{r} \sin\theta \int_{-\lambda/4}^{\lambda/4} \left(\frac{\exp(jkz)}{2} + \frac{\exp(-jkz)}{2} \right) \exp(jkz\cos\theta) dz \\
&= \frac{jI_0}{2\pi} Z_0 \frac{\exp(-jkr)}{r} \frac{\cos\left(\frac{\pi}{2}\cos\theta\right)}{\sin\theta}
\end{aligned} \tag{2.53}$$

$$H_\varphi = \frac{E_\theta}{Z_0} \tag{2.54}$$

半波長ダイポールの指向性は，微小電流素子と同様に，θ だけの関数で φ 方向には一様なドーナツ状の放射パターンとなる．**図 2.17** に，半波長ダイポールアンテナの E 面指向性をデシベル表示で示す．放射パターンは，このように極座標で記す場合と，横軸を角度にした直角座標で記す場合がある．また，強度は，デシベル表示以外に，電界強度を記した**電界パターン**（field pattern）あるいは電力強度を記した**電力パターン**（power pattern）で表示する場合がある．最大方向の $\theta = 90°$ で正規化してある．最大放射方向の放射電力の半分となる -3 dB となる角度範囲を**半値角**（beam width）といい，微小電流素子で $\theta = 90°$，半波長ダイポールアンテナで $\theta \fallingdotseq 78°$ となる．また，$\theta = 0°$，180° 方向には放射しない**ヌル**（**ナル**，null）が生じる．ヌルとは強度が極端に弱くなるところをいう．

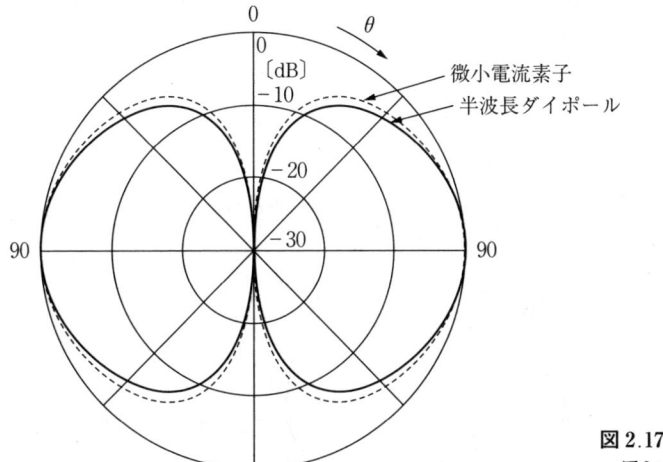

図 2.17 半波長ダイポール
アンテナの E 面指向性

2.2.4 放射抵抗と入力インピーダンス

アンテナから放射される全電力 W_r は，指向性により求まるある方向の電力を，全方向で積分して求めることができる．式 (2.55) で表すように，半径 r の球面上を面積分することであり

$$W_r = \int P(r, \theta, \varphi) dS$$
$$= \int_0^{2\pi} \int_0^{\pi} P(r, \theta, \varphi) \, r^2 \sin\theta \, d\theta \, d\varphi \quad [\mathrm{W}] \tag{2.55}$$

微小面積 dS は，**図 2.18** に示すように極座標系では

$$dS = r \sin\theta \, d\theta \times r d\varphi = r^2 \sin\theta \, d\theta \, d\varphi$$

となる．

微小電流素子の場合，単位面積を通過するポインティング電力 P は式 (2.56) のようになる．

$$P(r, \theta, \varphi) = \frac{1}{2} \left| E_\theta \cdot H_\varphi^* \right| = \frac{|E|^2}{2Z_0}$$
$$= \frac{Z_0 k^2}{32\pi^2} \left(\frac{Il}{r} \right)^2 \sin^2\theta \quad [\mathrm{W/m^2}] \tag{2.56}$$

図 2.18 極座標系の面積分

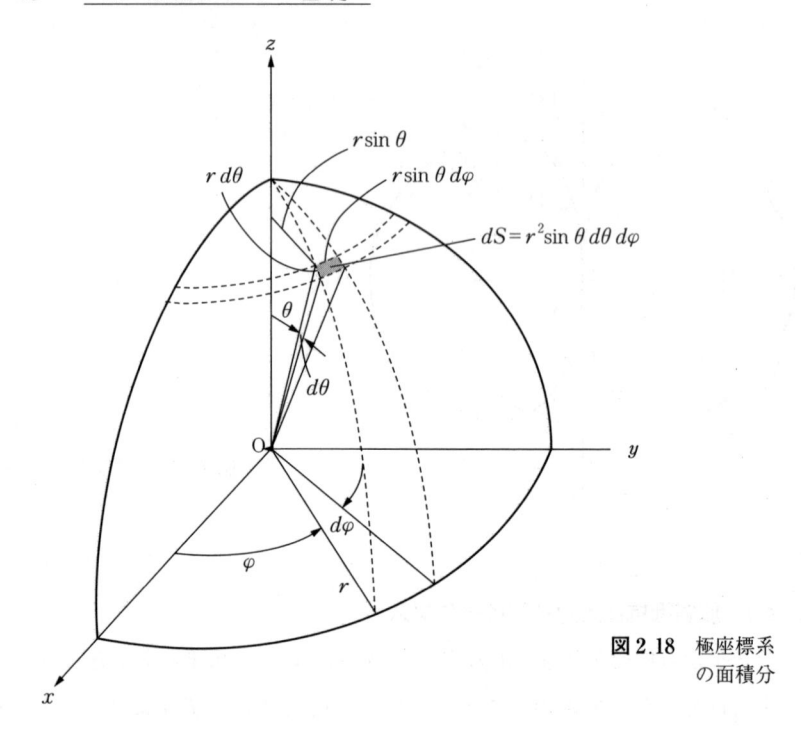

よって，全放射電力 W_r は式 (2.57) となる。

$$W_r = \frac{Z_0 k^2}{32\pi^2}\left(\frac{Il}{r}\right)^2 2\pi r^2 \int_0^\pi \sin^2\theta \sin\theta\, d\theta$$

$$= 40\pi^2 \left(\frac{Il}{\lambda}\right)^2 \quad [\text{W}] \tag{2.57}$$

回路として考えると，アンテナから放射される電力 W_r は，アンテナに電流 I〔A〕が流れたときの回路上での損失，つまり抵抗として捉えることができ，これを**放射抵抗** (radiation resistance) R_r という。$W_r = (R_r/2)I^2$ なので，微小電流素子の放射抵抗 R_r は次式となる。

$$R_r = 80\pi^2 \left(\frac{l}{\lambda}\right)^2 \quad [\Omega] \tag{2.58}$$

この式から，放射抵抗 R_r は素子の長さ l の 2 乗に比例して大きくなる。

給電点から見たアンテナのインピーダンスを**入力インピーダンス**（input

2.2 電波の放射特性

impedance)という。RFIDタグのアンテナ設計では非常に重要な項目であり，以下は不可欠である。入力インピーダンスは，次式のようになる。

$$Z_{in} = R + jX = (R_r + R_l) + jX \tag{2.59}$$

ここで，Rは入力抵抗，Xは入力リアクタンスである。**入力抵抗** R は，放射抵抗 R_r とアンテナ構造が持つ抵抗分（熱損失）R_l とに分けられるが，R_l の値は一般のアンテナでは小さく無視できる。**入力リアクタンス** X は，アンテナ近傍，特に給電点での準静電界，誘導界に関係した値である。半波長ダイポールアンテナの場合，アンテナの入力インピーダンス Z_{in} は，$73.13 + j42.55$ 〔Ω〕で，アンテナ長を半波長よりも若干短くして純抵抗とすることができる。

負荷が接続されていないアンテナの受信開放電圧を V_0 とし，給電点に負荷インピーダンス $Z_L = R_L + jX_L$ が接続されている受信アンテナの等価回路を図 2.19 に示す。

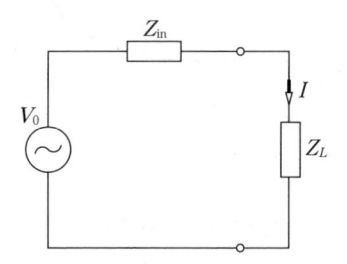

図 2.19 受信アンテナの等価回路

アンテナに最大電力を供給するには，アンテナの入力インピーダンス Z_{in} とこの負荷インピーダンス Z_L が共役の関係（$Z_L = Z_{in}^*$）になるよう整合をとる必要がある。整合がとれていないと，アンテナ給電点において給電回路側に反射が生じ，給電回路が不安定になったりダメージを与えたりする。整合をとるということは，アンテナに最大電力が供給されるだけではなく，この給電回路への反射を抑えることを意味する。このときの負荷で受信可能な最大電力 $W_{r\max}$ は次式となる。

$$W_{r\max} = \frac{1}{2}R_r I^2 = \frac{1}{2}R_r \left| \frac{V_0}{Z_L + Z_{in}} \right|^2 = \frac{|V_0|^2}{8R_r} \tag{2.60}$$

2.2.5 利得

アンテナの性能を評価する指標の一つに**利得**（gain）がある．利得は，ある方向へ放射する，または，ある方向から受信する電力の強さを示しており，基準となるアンテナと比較して評価する．図 2.20 に示すように，利得を知りたいアンテナ（供試アンテナ）から距離 r だけ離れた最大放射方向の電界強度を $E(\theta, \varphi)$ とする．

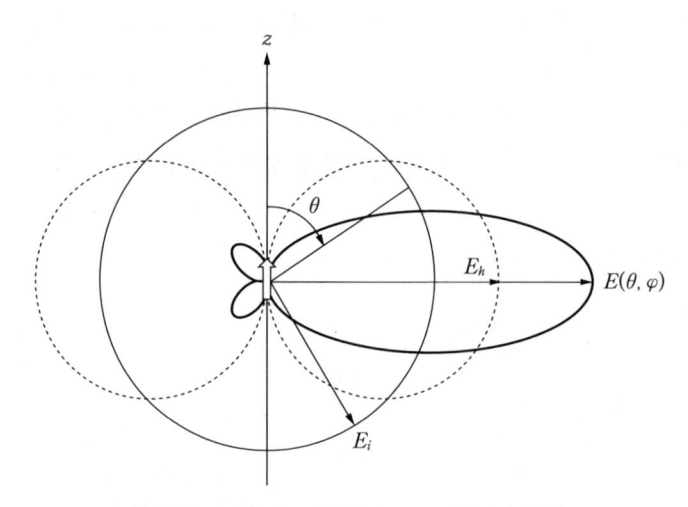

図 2.20 供試アンテナと基準アンテナの指向性

このとき，基準アンテナとして等方性のアンテナを用いた場合，利得は次式のように表される．

$$G_i(\theta, \varphi) = \frac{|E(\theta, \varphi)|^2}{W} \bigg/ \frac{|E_i|^2}{W_0} \tag{2.61}$$

ここで，E_i は等方性アンテナの電界強度であり，W，W_0 は，供試アンテナ，等方性アンテナに供給した電力である．通常は，アンテナの整合が取れているとして，供給電力 W，W_0 を同じとする．このときの利得 G_i を**絶対利得**（absolute gain）という．

アンテナに供給した電力 W と式 (2.54) で示したアンテナから放射された電力 W_r の比を**放射効率**（radiation efficiency）といい，次式で定義される．

$$\eta_r = \frac{W_r}{W} \tag{2.62}$$

供試アンテナの放射効率を1とすると,供試アンテナへの供給電力 W は,放射電力 W_r と等しくなる ($W = W_r$)。放射電力 W_r は,式 (2.55) およびポインティング電力 $P = |E|^2/2Z_0$ から次式となる。

$$W_r = \frac{r^2}{2Z_0} \int_0^{2\pi} \int_0^{\pi} |E(\theta, \varphi)|^2 \sin\theta \, d\theta \, d\varphi \tag{2.63}$$

等方性アンテナへの供給電力 W_0 は,球の表面積を掛けて

$$W_0 = 4\pi r^2 \frac{|E_i|^2}{2Z_0} \tag{2.64}$$

となる。

ここで,式 (2.63),(2.64) を式 (2.61) に代入すると,指向性だけで決まる**指向性利得** G_d (directive gain) が求まる。

$$G_d(\theta, \varphi) = \frac{4\pi |E(\theta, \varphi)|^2}{\int_0^{2\pi} \int_0^{\pi} |E(\theta, \varphi)|^2 \sin\theta \, d\theta \, d\varphi} \tag{2.65}$$

また,絶対利得 G_i と指向性利得 G_d の関係は

$$G_i = \eta_r \cdot G_d \tag{2.66}$$

となる。

小形無線機のアンテナなどの評価には,基準アンテナとして半波長ダイポールアンテナを用いることがある。このときは,図 2.20 に示す半波長ダイポールアンテナの最大放射方向の電界強度 E_h を基準として用いるので,次式のように定義される。

$$G_h(\theta, \varphi) = \frac{|E(\theta, \varphi)|^2}{W} \bigg/ \frac{|E_h|^2}{W_0} \tag{2.67}$$

この利得 G_h を**相対利得** (relative gain) という。

絶対利得と相対利得は,半波長ダイポールアンテナの絶対利得が1.64であるので,次式の関係にある。

$$G_h = \frac{G_i}{1.64} \tag{2.68}$$

利得は,相対値であるので無次元量であり,一般に dB 値($10\log_{10}G$)で表す.なお,絶対利得と相対利得がわかるように,それぞれ dBi,dBd と書き表すことがある.半波長ダイポールアンテナの絶対利得が 2.15($10\log_{10}1.64$)〔dBi〕であることから,dB 値では次式のような関係になる.

$$G_h = G_i - 2.15 \text{〔dBd〕} \tag{2.69}$$

給電線とアンテナでのインピーダンスの不整合から,アンテナに供給される電力 W と式 (2.60) の最大供給電力 $W_{r\max}$ との関係は,アンテナ給電点での**反射係数**[36] $\varGamma$ を用いて次式のように表される.

$$W = (1 - |\varGamma|^2) W_{r\max} = \frac{W_{r\max}}{M} \tag{2.70}$$

ここで,M を**不整合損**(mismatch loss)といい,実際のアンテナ利得は,次式に示すように減少する.

$$G_w = \frac{G_i}{M} \tag{2.71}$$

これを**動作利得** G_w(working gain, actual gain)と呼ぶ.

なお,反射係数 $\varGamma$ から反射電力量を評価する指標として**リターンロス**(**反射損**:return loss)が用いられ,次式で定義される.

$$\text{リターンロス} = -20\log_{10}|\varGamma| \text{ 〔dB〕} \tag{2.72}$$

アンテナの指向性や利得,インピーダンスなどの特性は,そのアンテナを送受信どちらに用いても同一となる.これをアンテナ特性の**可逆性**(**相反性**)といい,可逆定理(相反定理:reciprocity theorem)が成立しているためである.この可逆性は,アンテナが金属などの線形材料や,抵抗,コンデンサ,コイルなどの受動素子で構成されている場合に成立するため,普通に使用されているアンテナでは成り立つと考えてかまわない.しかし,非線形性がある能動素子を使用したアンテナや磁性体を使用したアンテナでは可逆性は成立しない.

2.3 基本的なアンテナ

RFID に使用されているアンテナには，大きく分けて R/W のアンテナと，タグ用のアンテナがある。ここでは，これらに使用されるアンテナの基本的な特性について説明する。

2.3.1 線状アンテナ

線状アンテナ（wire antenna）は，金属線によって構成されているアンテナである。ここでは，ダイポールアンテナ，モノポールアンテナ，ループアンテナ，ヘリカルアンテナについて説明をする。なお，これ以外にもスパイラルアンテナ（spiral antenna），逆 L アンテナ（inverted L antenna）がある。

〔1〕 **ダイポールアンテナ**

ダイポールアンテナは，2本の直線状金属線から成っており，その中央に給電点を有している基本的なアンテナである。全体の長さを半波長とした，半波長ダイポールアンテナが一般によく使用される。図 2.21 に示すように，平行

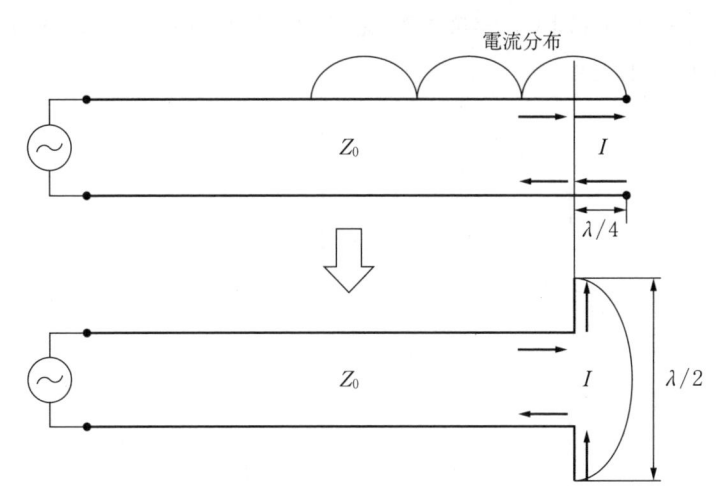

図 2.21 平行 2 線とダイポールアンテナ

2線の給電線の先端開放部から$\lambda/4$の位置で電流分布が最大となる。このとき，2線上での電流の向きは反対であり，電波は放射されない。先端から$\lambda/4$の位置で90°曲げることにより，電流の向きがそろい，電波が強く放射されるようになる。ダイポールアンテナは，電波方式のRFIDタグの基本形である。

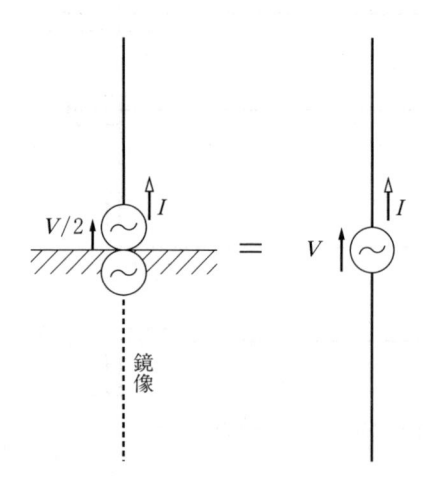

〔2〕 モノポールアンテナ

ダイポールアンテナは，給電点を中心に2本の$\lambda/4$の金属線から成っている。これに対し，電流と無限の完全導体が存在すると完全導体の向こう側に反対の向きの電流が存在するのと同等として扱えるという**鏡像法**（method of images）を利用し，無限の完全導体平面（地板）上に$\lambda/4$の金属線を立て，地板と金属線の間に給電するアンテナを，モノポールアンテナ（monopole antenna）という。図2.22に示すように，モノポールアンテナは，地板という鏡に映った対称構造の素子があると考えられ，ダイポールアンテナの動作原理と同等であると考えられる。モノポールアンテナの入力インピーダンスは，その構造上，ダイポールアンテナの$1/2$となる。また，その放射指向性は，ダイポールアンテナのものとほぼ同じであるが，地板より下の放射はないため上半面だけを考えればよい。実際には，地板の影響により若干ビームが上向きの放射パターンになる。

図2.22 モノポールアンテナ

長波，中波，短波など周波数の低い場合は波長が長くなるために，ダイポールアンテナではなく，大地を利用したモノポールアンテナが使用されている。また，車両や飛行機などの移動体では，その金属構造物を地板として利用できるため，モノポールアンテナが使われることが多い。これらの場合，無限の完全導体平面は現実には存在しないため，大地の損失，有限地板の大きさや形状などにより，インピーダンスや放射指向性は，理想のものとは異なってくる。

〔3〕 ループアンテナ

ループアンテナ（loop antenna）は，ダイポールアンテナと並ぶ，基本的なアンテナの一つである。ループアンテナは，**図 2.23** に示すように，金属導体をリング状に曲げ，その巻き始めと巻き終りを近接させ，その間に給電するアンテナである。リング形状は，円形や方形が一般的に用いられている。

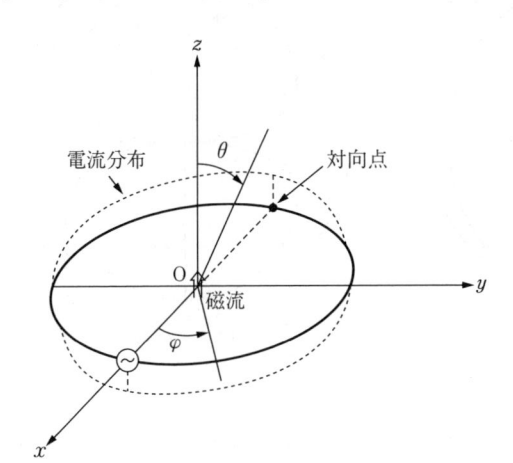

図 2.23 円形ループアンテナ（1波長）

ループアンテナは，その周囲長により特性が異なる。磁界検出用に使用される微小ループアンテナは，周囲長が波長に比べて十分に短いため，電流は，ループ上で，ほぼ一定の大きさとなる。そのため，ループ中心に，微小磁気素子（磁流）があると解釈することができる。その指向性は，ループを含む面でほぼ一様となり，垂直方向への放射はない。

ループの周囲長が1波長程度となると共振状態となり，その電流分布は，図

に示すように平行2線の終端を対向点で短絡したものと考えることができる。電流分布は次式で表され，給電点およびその対向点で最大となる。

$$I(\varphi) = I_0 \cos\varphi \tag{2.73}$$

その指向性は，ベッセル関数を用いて，次式のようになる。**図2.24**に示すような，ダイポールアンテナに似た8の字指向性を示す。

$$\left.\begin{array}{l} E_\theta = -j\dfrac{Z_0 I_0}{2}\dfrac{\exp(-jkr)}{r}\dfrac{J_1(\sin\theta)}{\sin\theta}\sin\varphi\cos\theta \\[2mm] E_\varphi = -j\dfrac{Z_0 I_0}{2}\dfrac{\exp(-jkr)}{r}J_1'(\sin\theta)\cos\varphi \end{array}\right\} \tag{2.74}$$

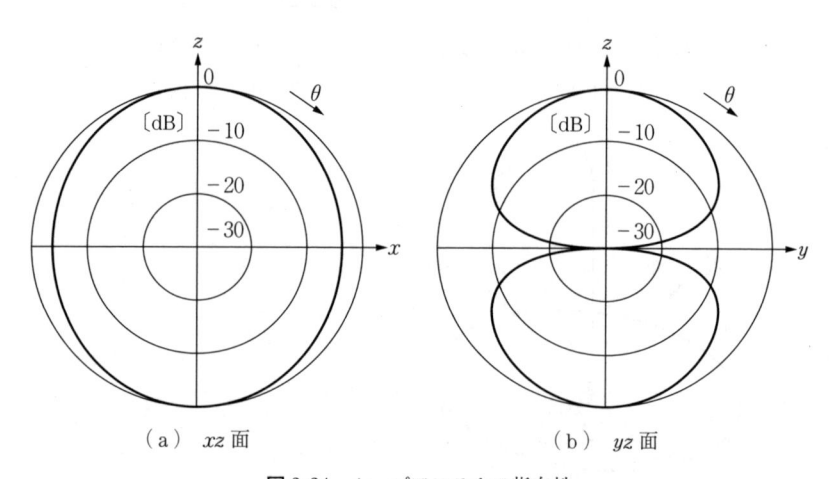

(a) xz面　　　　(b) yz面

図2.24　ループアンテナの指向性

式(2.73)の電流分布から，±x部分の電流分布をそれぞれy軸に平行な半波長ダイポールアンテナと仮定し，半波長離れているとして近似的に放射指向性を求めることもできる。

ループアンテナは，その導体に流れる電流分布によってアンテナ特性が大きく変わることから，導体の途中に抵抗などの回路素子を装荷することによってインピーダンスを制御し，所望の指向性を作る**ローデッド（装荷）ループアンテナ**（loaded loop antenna）などがある。ループアンテナは，つぎのヘリカルアンテナとともに電磁誘導方式RFIDで用いられる。

〔4〕 ヘリカルアンテナ

ヘリカルアンテナ（helical antenna）は，**図 2.25** に示すように金属導体をコイル（ヘリックス）状に巻いたアンテナである。一般には，モノポールアンテナと同様に，金属導体板に取り付け，導体板とヘリックスの間に給電する。ヘリックスの1周長（πD）とピッチ角（α）により，二つの動作に分けられる。

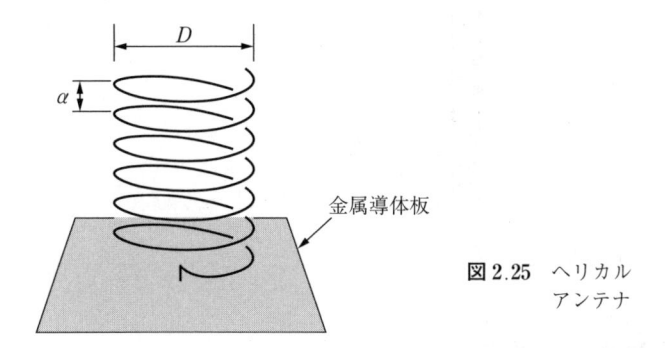

図 2.25 ヘリカルアンテナ

1周長が1波長程度でピッチ角が12〜15°程度の場合，軸方向（導体板に垂直な方向）に円偏波を放射する。これを**軸モード**という。これは，ループアンテナの組合せと考えれば，類推することができる。軸モードのアンテナは，衛星通信などに使用されている。ヘリカルを同一軸上に周方向に角度をずらすことにより2組，4組と配置し，周方向の均一性を改善した多線巻のヘリカルアンテナも使用されている。

1周長が，波長に比べて十分小さい場合は，ヘリックスの軸に垂直な方向に強く放射され，軸方向には放射されない。これを**ノーマル（垂直）モード**という。微小のループアンテナとそれをつなぐ軸方向の直線アンテナの組合せと考えることができ，楕円偏波を放射する。このような特性のため，小形無線端末などに使用されている。

以上，ここまで述べてきた軸モードおよびノーマルモードのほかに，**図 2.26** に示すように，地板としての導体板を使用せず，逆巻きの二つのヘリックスをダイポール状に接続して使用する**サイドファイアヘリカルアンテナ**（side-fire helical antenna）がある。このアンテナの場合，垂直偏波成分が打ち

図 2.26 サイドファイア
ヘリカルアンテナ

消され,水平偏波を放射する.

2.3.2 板状アンテナ

板状アンテナ(planar antenna)は,板状の金属板を用いたアンテナのことである.ここでは,電波方式 RFID の R/W に使用される**マイクロストリップアンテナ**(microstrip antenna)について紹介する.マイクロストリップアンテナは,**図 2.27** に示すように,マイクロストリップ線路の終端を,空間と整合が取れるようにパッチ状にしたものである.パッチを使用しているので,**パッチアンテナ**(patch antenna)といわれることもある.プリント基板などの基板上にアンテナを構成するため,他の回路と一体で作成できる,低姿勢である,量産性が高い,設計の自由度が高いなどの利点から,近年多用されるよ

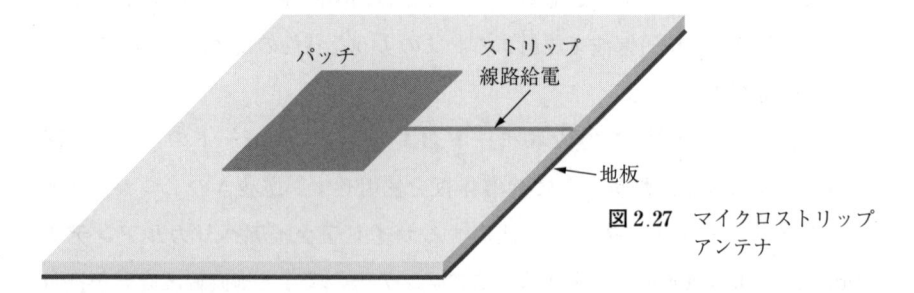

図 2.27 マイクロストリップ
アンテナ

うになったアンテナである。

パッチの形状は，方形，円形，リング，その他の多角形など用途や所望特性によりさまざまなバリエーションがある。なお，マイクロストリップアンテナは，パッチによる共振構造であるため，一般に狭帯域である。また，金属地板を使用し，地板上方への放射特性を持つものが多いが，地板を使用せず，双方向に放射させるものもある。パッチの大きさは線路内波長の半分とし，その放射特性はパッチと地板の間でキャビティが構成されていると考え，パッチ端部に磁流を仮定して計算を行う。

マイクロストリップアンテナへの給電は，図2.27に示したストリップ線路による方法のほかに，地板の裏面から地板を貫いてパッチに同軸給電する方法，近接したストリップ線路から電磁結合により給電する方法などがある。図2.27は，ストリップ線路方向に電界成分を持つ直線偏波となる。また，2方向からの給電により，偏波切替や，円偏波などにも対応する。**図2.28**に，地板裏面から1点の同軸給電を行う**円偏波マイクロストリップアンテナ**を示す。このアンテナは，縮退分離素子というパッチに切込み部を設けることにより，直交する2方向の共振周波数をわずかにずらし，90°の位相差を生じさせることで，円偏波を放射することができる。

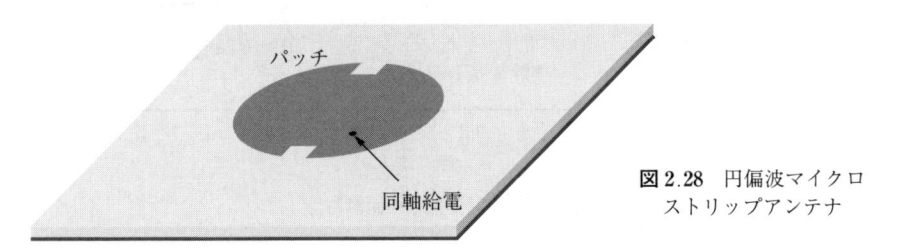

図2.28 円偏波マイクロストリップアンテナ

マイクロストリップアンテナは，小形無線端末以外にも，GPS（global positioning system）などの車載用，基板を湾曲させて形状に合わせた航空機搭載，基板にハニカム構造などを用いて軽量化した衛星用など幅広く使用されている。直線偏波の場合，パッチ上の電界分布が半分のところで0となるため，その部分を折り曲げて接地した**$\lambda/4$短絡型マイクロストリップアンテナ**

として小形化することができる。

2.3.3 RFID タグ用アンテナ

RFID タグ用アンテナの形状は，使用されている周波数によって異なる（表2.1）。パッシブ型 RFID タグは，電磁誘導方式（135 kHz 帯以下または 13.56 MHz 帯）と，電波方式（2.45 GHz 帯または 900 MHz 帯）の2種類がある。アクティブ型に使用されているアンテナの種類は，パッシブ型のアンテナとほぼ同じである。ここでは，アンテナの利得が重要なファクタとなるパッシブ型について述べる。図2.13 に示したアンテナからの距離 r に対する放射界（準静電界，誘導電磁界，放射電磁界）振幅の変化を**図2.29** に再度示す。

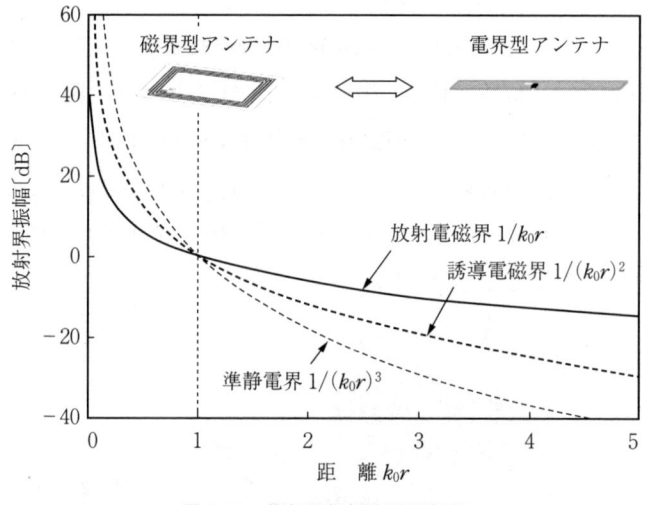

図 2.29 放射界振幅の距離特性

13.56 MHz 帯では通信エリアが近傍界内（$k_0 r \ll 1$）となるため，電界を用いると距離 r の3乗に反比例して減衰する。そのため，最も近接した場合に動作するように設計すると通信可能距離がほとんど得られない。そこで，最大距離で動作するように設計すると近接したときの誘導電圧が IC の耐圧を超える可能性が出てくる。これに対し磁界を用いた場合は，同じ近傍界内でも距離の

2乗に反比例して減衰するので，距離に対する減衰が電界ほど急峻ではない。そのため，電磁誘導方式では，IC駆動電力を伝送できる距離を広範囲にとることができる磁界型のコイルやスパイラルアンテナを用いて電力伝送・通信を行う。

一方，UHF帯では通信距離範囲のほとんどが遠方界（$k_0 r \gg 1$）となるため，距離による変化が少ない放射電磁界を用いた，電波方式による電力伝送・通信を行う。コイルやスパイラルアンテナなどの短絡型アンテナに比べ，インピーダンスが高く空間インピーダンス（377 Ω）との整合性がよいダイポールアンテナやパッチアンテナなどの開放型アンテナをタグ用アンテナとして利用する。

2.4 通 信 方 式

信号を電波に乗せて伝送するためには**変調**（modulation）と呼ばれる操作をする必要がある。基本となる電波を**搬送波**（carrier wave）といい，それに変調した信号を重ね合わせて，**変調波**（modulated wave）にして伝送する。変調方式もさまざまなものが考案され，周波数の有効利用や高伝送容量に貢献している。RFIDシステムに適用する変調方式および符号化方式は，各方式の信号が持つ周波数帯域がアンテナに要求される帯域となることから，アンテナ設計に大きく関係してくる。

表 2.2に 13.56 MHz 帯の RFID タグの種類を示す。

電力伝送の観点からは，搬送波成分を時間的な積分値として最も多く含む方式が望ましい。しかし，RFID タグの小形化の観点から，RFID タグ側に複雑な復調回路をもつことは困難であり，変調方式としては最も単純な **ASK**（amplitude shift keying）が多く用いられる。また，R/Wからタグ，タグからR/Wへの符号化方式がそれぞれの規格で異なっている。さらに，国際標準（ISO）のTypeA，Bは，タグからR/Wへの通信に副搬送波を使用する非対称形であるが，FeliCa®（ISO提案時はType C）は副搬送波を使用しない対称形

表 2.2　13.56 MHz 帯 RFID タグの種類

	Type A	Type B	FeliCa (Type C)	NFC
変調方式	100% ASK	10% ASK タグ→R/W は BPSK	10% ASK	既存規格統合
符号化方式 R/W→タグ	変形ミラー	NRZ	マンチェスタ	
符号化方式 タグ→R/W	マンチェスタ	NRZ	マンチェスタ	
通信速度	106 kbps～	106 kbps～	212 kbps～	
通信形	非対称形 タグから R/W は副搬送波使用		対称形	
規　格	ISO/IEC 14443		―	ISO/IEC 18092 ISO/IEC 21481
推進企業・団体	Philips	Motorola	Sony	Moversa (Sony+Philips)
実用例[31]	IC テレホンカード taspo	住民基本台帳カード IC 運転免許証	Suica, Edy	携帯電話

となっている。

　RFID タグからの返信は IC 内部の RF (radio frequency) 回路から発信した信号を電磁波として放射するのではなく，back scatter (後方散乱変調) 方式という R/W からの電磁波をタグで反射させ，その反射強度を IC で制御し，R/W 側から見た負荷の変動として読み取ることで行っている。符号化の方式にはいくつかの種類がある (**図 2.30**)。これらは，デジタルデータの "1" と "0" をどう定めるのかが異なっている。最も単純なのは **NRZ** (non-return to zero) である。信号レベルの High で "1"，Low で "0" を表している。それに対してマンチェスタは，信号のレベルの変化で定義されており，High から Low の変化で "1"，Low から High の変化で "0" となる。その他の符号化方式も図に示すような定義となっている。

　Low の時間が長いと整流後の DC (direct current, 直流) 動作電圧が低下して IC がリセットされるため，安定した通信が困難となる。そのため，電力伝送の観点から単純に High の時間が最も多い符号化方式が，搬送波成分を最も多く送信するため有利である。電力伝送の観点からのみを考えると，**変形ミ**

2.4 通信方式

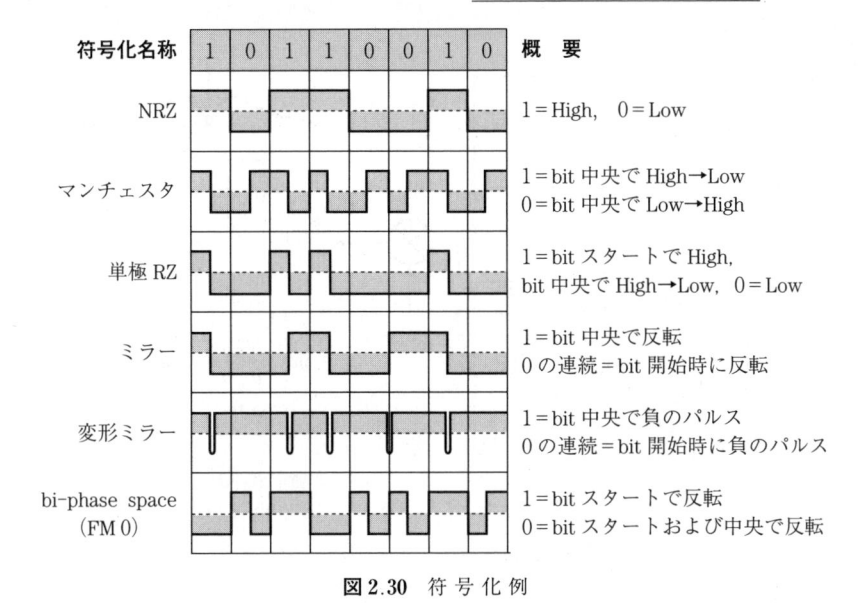

符号化名称	1 0 1 1 0 0 1 0	概 要
NRZ		1 = High, 0 = Low
マンチェスタ		1 = bit 中央で High→Low 0 = bit 中央で Low→High
単極 RZ		1 = bit スタートで High, bit 中央で High→Low, 0 = Low
ミラー		1 = bit 中央で反転 0 の連続 = bit 開始時に反転
変形ミラー		1 = bit 中央で負のパルス 0 の連続 = bit 開始時に負のパルス
bi-phase space （FM 0）		1 = bit スタートで反転 0 = bit スタートおよび中央で反転

図 2.30　符 号 化 例

ラー（modified Miller）**符号化**が最もよいことになる．しかし，この変調方式は負のパルスが入るため，非常に広い帯域を必要とする．そのため，実際にはLowの時間が1 bit分以上続かず，帯域としても半bit分の信号を送受できればよい**マンチェスタ**（Manchester）**符号化**がよく用いられる．また，NRZ方式のようにHigh，Lowレベルでビットを定義していると，通信距離によりそのレベルが変動してしまいビットの判断が困難になる．そこで，マンチェスタ方式ではHigh，Lowの変化（微分値）でビットを定義しており，R/Wからの送信に有効である．また，RFIDタグからの返信はビットの区別が判別しやすい，送受の分離がしやすいなどから bi-phase space（FM 0）やミラー（Miller）符号化が用いられることもある[37), 39)]．このほかに，基準パルスのパルス幅に対して長短で判断する**パルス間隔符号化**（pulse interval encoding：PIE）や，基準パルスからの時間遅れで判断する**パルス位置符号化**（pulse position modulation：PPM）がある．

RFIDに使用される変調方式を**図 2.31**に示す．変調方式は前述したようにASKが主流である[38)]．ASKは振幅変調なので，"1"ならばHigh，"0"ならば

(a) ASK

$$m = \frac{b-a}{b+a} \quad m〔\%〕\text{-ASK}$$

例

100％-ASK

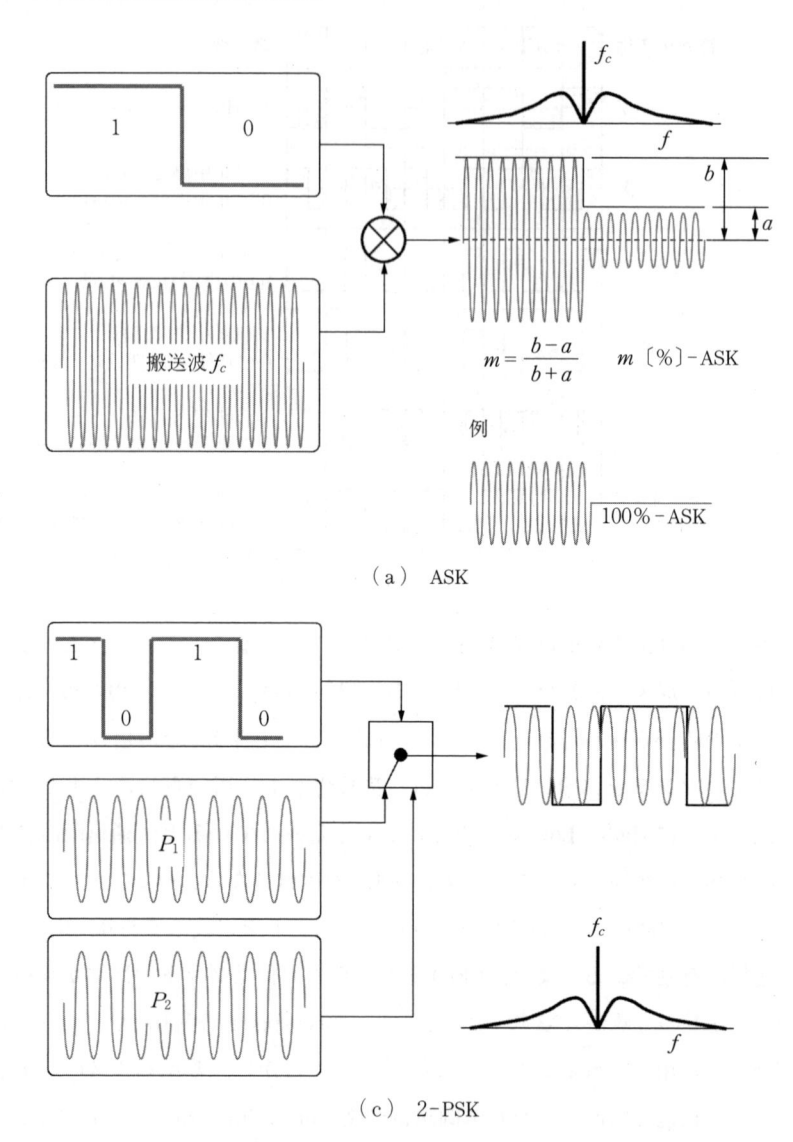

(c) 2-PSK

図 2.31 RFID に

Low と搬送波の振幅を変化させている。この振幅の比が変調度 m を示している。変調度 m が 100％ であれば，図（a）右下のように Low の時間は完全に"0" となる。これでは，電源の問題が出てくる可能性がある。必要な周波数帯

2.4 通信方式   57

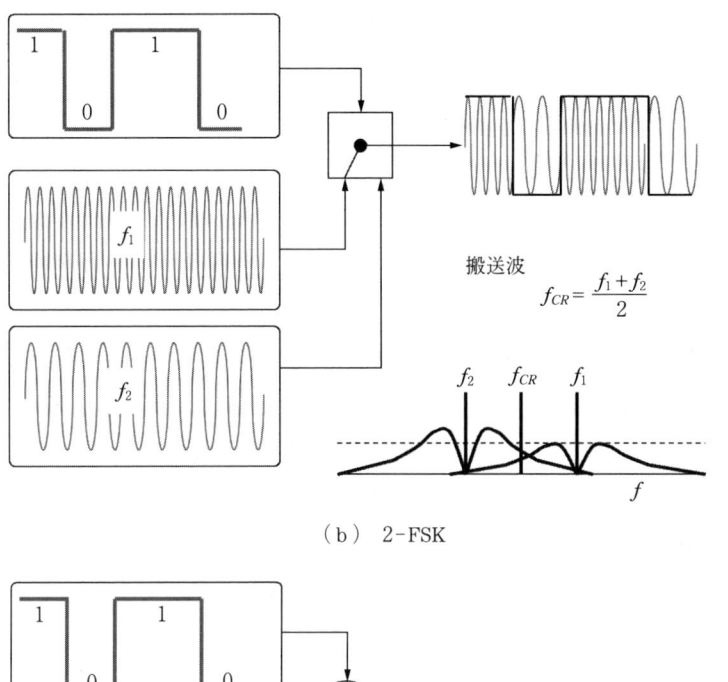

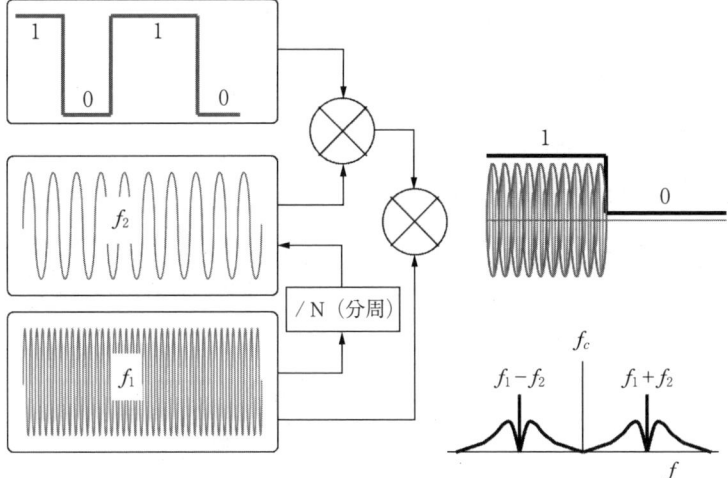

(b) 2-FSK

(d) 副搬送波を使う変調

使用される変調方式

域は，図(a)右上のようになり，これだけの周波数帯域を必要とする。

　図(b)は **FSK**（frequency shift keying：周波数偏移変調）である。この変調方式は "1" と "0" とで搬送波の周波数を変化させている。例えば，"1" のとき

は周波数 f_1 に，"0" のときは周波数 f_2 に周波数が偏移する。この方式は，周波数 f_1 と周波数 f_2 という二つの 100% ASK を重ね合わせたものとして考えることができる。つまり，周波数 f_1 が 100% の時間は周波数 f_2 が 0% となり，逆に周波数 f_2 が 100% の時間は周波数 f_1 が 0% となっている。これにより電源確保に対する懸念は払拭されるが，通信に必要な帯域は ASK に比べて広くなり，図 (b) 右下に示すように 100% ASK の周波数 f_1 と f_2 を重ね合わせた帯域が必要になる。

図 (c) は **PSK**（phase shift keying：位相偏移変調）である。この変調方式は "1" と "0" が切り替わるタイミングで搬送波の位相を 180°反転している。同じ周波数の搬送波の位相がずれるだけなので，必要な帯域は ASK と同じである。ただし，位相が反転したタイミングを検出するのが難しいため，回路が複雑となり小さなタグに搭載するには負担であるという欠点がある。

変調方式にはこのほか，副搬送波を使うものがある（図 (d)）。搬送波を分周して副搬送波を作り，これにより符号化された信号を変調し，元の搬送波と重畳させる。この方式は信号そのものが複雑になるため回路的に負担が大きい。さらに図右下に示すように，帯域も幅広く必要となる。

以上の四つの変調方式の中で，最も単純なのは ASK であり，帯域や回路的な負担が少ない。特にタグに載せる回路はできるだけ消費電力を減らす必要があり，回路もシンプルなほうが望ましいため，ASK が選択されることが多い。図 2.32 に示すように，R/W から送信された電波を整流することにより IC 動

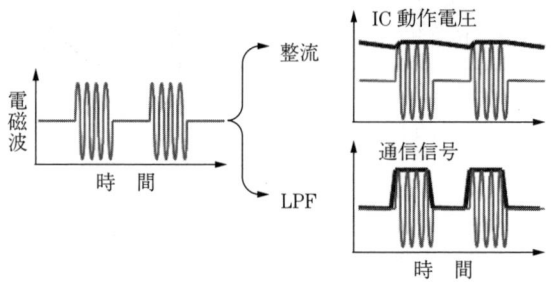

図 2.32　RFID の通信

作電圧とし，ローパスフィルタ（LPF）を使う包絡線検波により通信信号とする．

ASK は，通信速度によって必要な帯域が異なる．周波数スペクトラムは，図 2.31（a）右上のようになり，中心の最も大きなピークが 13.56 MHz になっている．伝送速度が 212 kbps，424 kbps，848 kbps と 2 倍ずつ高くなるに応じ，脇のスペクトラム広がりが 2 倍ずつ増えていき，周波数帯域が広がる．このように，ASK では通信速度が増えれば増えるほど必要な帯域が広くなるため，通常 RFID では 212 kbps が使われている．

2.5 NFC

NFC（near field communication：近距離無線通信）は，周波数 13.56 MHz 帯を利用する通信距離 10 cm 程度の RFID の国際規格である．表 2.2 で示した従来からの国際標準規格は，推進企業の足場であるヨーロッパ，アメリカ，アジアでそれぞれ普及しており，国際的な互換性が必要とされるようになった．そこで，まず Type A と Felica を統合した国際標準規格 ISO/IEC 18092（NFCIP‐1）として 2003 年 12 月に規格化された．その後，2005 年 1 月には，Type B も統合した国際標準規格 ISO/IEC 21481（NFCIP‐2）として制定された．この共通規格を推進する団体として **NFC フォーラム** があり，130 社以上が加盟している．

NFC フォーラムでは，Type A，Type B，Felica をそれぞれ NFC‐A，NFC‐B，NFC‐F と称している．NFC 対応機器では，1 台の R/W で従来の通信規格の RFID タグと通信することが可能となる．また，携帯電話などの小形機器に導入することにより，機器どうしで双方向に画像などのデータを通信することが可能となり，従来の R/W とタグという ID をやり取りする関係から，双方向データ通信ができる規格に発展している．

2.6 RFIDシステムの法規

パッシブ型のRFIDタグでは，ICを駆動する電力を供給できるかどうかによって通信距離が決まる。そのため，通信距離を延伸するためには送信側（R/W）の送信電力を上げればよい。しかし，実際にはさまざまな法規により，R/Wの送信電力には規制がかかっている。日本では，おもに以下の三つの規制を考慮する必要がある[33),40)]。

① **電波法**：他の通信に影響を与えないように，おもに遠方電界強度を規制
② **EMC規制**：近くにある電子機器などへの影響を抑え，誤動作を防ぐことを目的。3m，10m離れた位置での電磁界強度で自主規制
③ **電波防護指針**：人体への影響を考慮し，極近傍での電磁界強度を照射時間も含めて規制

無線通信は，有線通信のように限られた伝送路ではなく，区切りのない空間を伝搬するが，限りがある資源である。それは同一の周波数帯を使用すると，干渉や混信を起こし，正常に通信ができなくなるからである。そのため，**国際電気通信連合**（**ITU**：International Telecommunication Union）では，複数の国に関係する衛星通信などの電波の周波数の割当てや，異なる方式による相互干渉を防ぐための基準の制定を行っている。日本国内では，総務省が電波周波数の割当てを決めている。

電波は，電波法をはじめとする諸々の規定により，周波数やその帯域，偏波，出力や変調方式など細かく定められている。また，割り当てられた周波数以外に放射される高調波などを**スプリアス**（spurious）といい，電波障害などの原因になるため，これも規制されている。

各規制の上限値を図2.2，**図2.33〜図2.35**のグラフで示す。

RFIDシステムはシステムによって使用する周波数帯が異なるため，どの周波数帯を用いるか，どの分野で使用するかで対象とする規制が異なってくる。13.56MHz帯を用いたRFIDシステムを考えると，電波法での規制値（図2.33）

2.6 RFID システムの法規

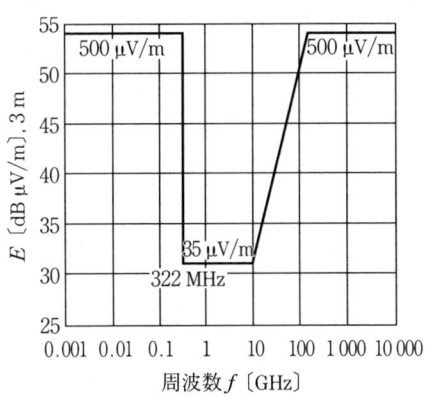

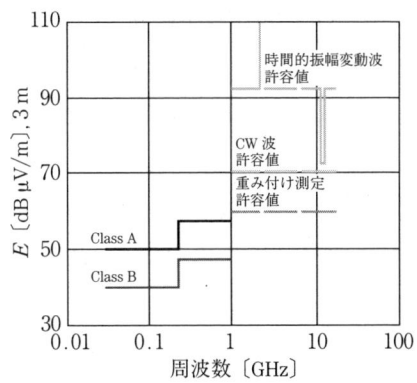

図 2.33 電波法規制（微弱無線局）[42]

図 2.34 EMC 規制[43]

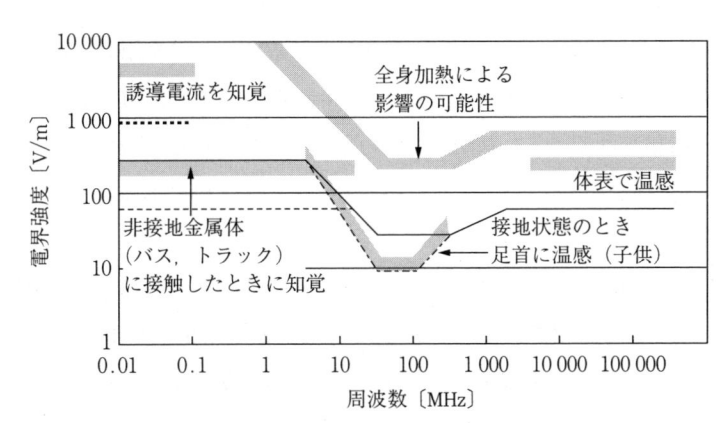

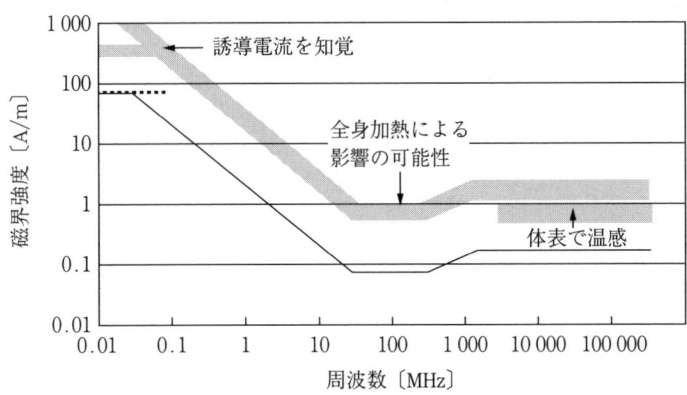

図 2.35 電波防護指針（一般環境）[44]

は 54 dB μV/m(500 μV/m,3 m)であり,EMC 規制：**VCCI**(Voluntary Control Council for Interference by Information Technology Equipment：情報処理装置等電波障害自主規制協議会)(図 2.34)では,13.56 MHz がその規制範囲外となっている。

また,電波防護指針(図 2.35)では電界,磁界の双方に対し規定があり,電界強度が 155.7 dB μV/m($824/f$〔MHz〕$= 60.77$ V/m),磁界強度が 104.1 dB μA/m($2.18/f$〔MHz〕$= 0.161$ A/m)(6 分平均,距離規定なし)となっている。しかし,電波防護指針は,人体との距離,曝露時間などに左右されるので,RFID システムの想定使用環境によるが,一般的には設計時に考慮する必要はあまりない。

RFID システムでは,その周波数帯の多くが ISM バンドを用いている。この帯域に関しては図 2.2 に示すように,R/W から 4 W まで出力できるなど大幅に規制が緩和されている。しかし,電力伝送用の搬送波をこの周波数にした場合でも,信号成分やスプリアスなどの成分がその帯域外にあることが多く,それらを各種規制内に抑える必要がある[41]。

これらの規制値は,製品としてパッケージングされたものに対して適用されるため,アンテナ単体で規制を満足する見通しを得ても,筐体など周辺環境によって満たさない場合もある。そのため,設計段階ではある程度マージンを考えて設計することが大切である。

3. 電磁誘導方式アンテナの設計

電磁誘導方式の RFID タグは，鉄道の乗車券などとして普及しており，周波数 13.56 MHz を用いている．これ以外にも 135 kHz 以下の周波数を使用したタグがあるが，これらは磁界で動作するため，通信距離が短くスパイラルアンテナやコイルを用いている．そのため，設計の自由度は多くないので，アンテナのデザインとして差別化が困難である．本章では，電磁誘導方式の RFID タグの設計について説明する．

3.1　アンテナの基本設計

「Edy®」などに代表される金銭やセキュリティに関連したパッシブ型 RFID タグでは，通信可能距離を制限したシステムにする必要がある．そのため，一般的に，周波数は 13.56 MHz 帯（波長約 22 m）を，アンテナは平面実装可能な**ループアンテナやスパイラルアンテナ**（図 3.1）が用いられている[45]．普通の RFID タグ用アンテナは，スパイラルを同一平面上に形成し，巻き始めと巻き終りは裏面配線されたブリッジ構成で IC と接続されている．13.56 MHz 帯の R/W も同様なスパイラルアンテナを用いている[46)~49)]．

また，イモビライザや動物管理に用いる 135 kHz 以下の周波数（波長 2 km 以上）を使用した RFID タグについても，フェライトコアに導線を巻きつけたスパイラルアンテナを用いており，13.56 MHz 帯の RFID タグ用アンテナとほぼ同じ考え方で設計が可能である．

電磁誘導方式の RFID タグ用アンテナの基本的な動作は，R/W から放射さ

3. 電磁誘導方式アンテナの設計

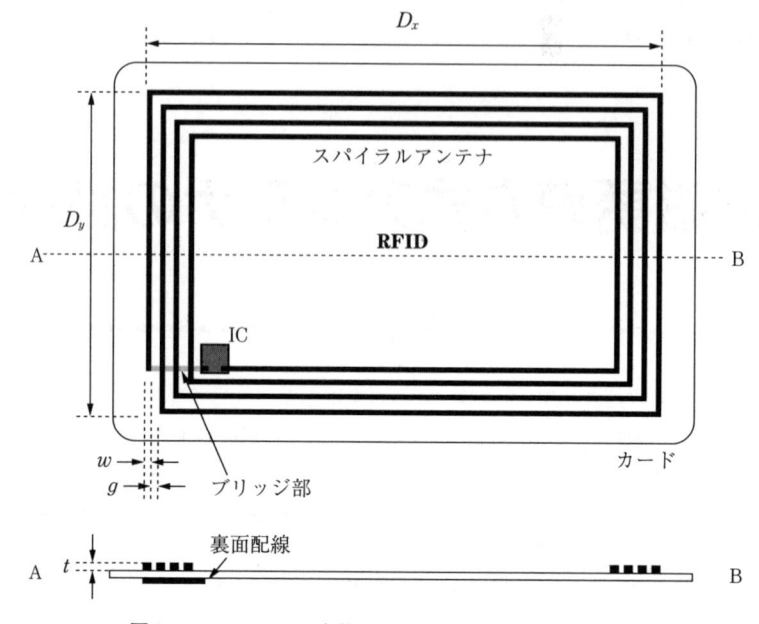

図 3.1 RFID タグに実装されたスパイラルアンテナの例

れる磁界 H がタグのループアンテナを鎖交することにより通信が行われる (**図 3.2**)。これはファラデーの電磁誘導の原理である。このとき励起される電圧は，ループを通る磁界の大きさによって決まる。

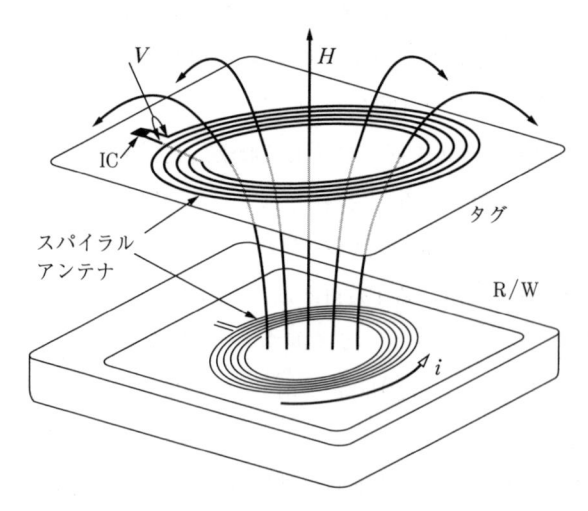

図 3.2 電磁誘導方式 RFID の動作原理

3.1 アンテナの基本設計　　65

電磁誘導方式アンテナの設計では重要な3項目がある（**図3.3**）。その一つ目は**受信電力**である。ICの駆動に必要な受信電力を確保しなければならない。二つ目が**通信距離**であり，用途により必要となる距離を確保しなければならない。三つ目は**動作周波数**であり，13.56 MHz や 135 kHz など，RFIDの規格に合わせる必要がある。これらの3項目に影響するパラメータとして自己インダクタンス L と容量 C，抵抗 R，相互インダクタンス M がある。これらのパラメータの求め方については後述する。

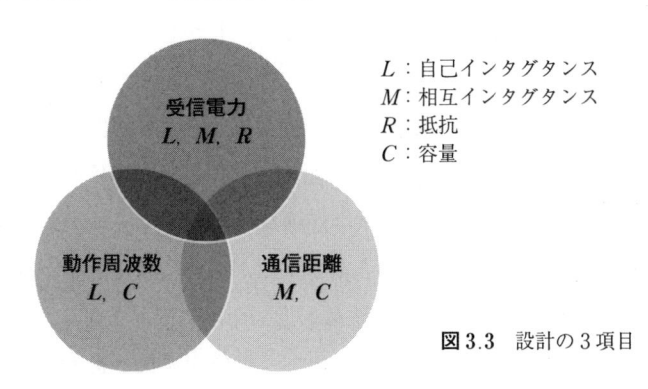

L：自己インダクタンス
M：相互インダクタンス
R：抵抗
C：容量

図3.3　設計の3項目

〔1〕 **動作周波数と動作電圧**

図3.4（a）のグラフは，タグをR/Wに近づけて行ったときの，周波数とタグに誘導される電圧を示している。R/Wやタグのアンテナを単体で動作させ

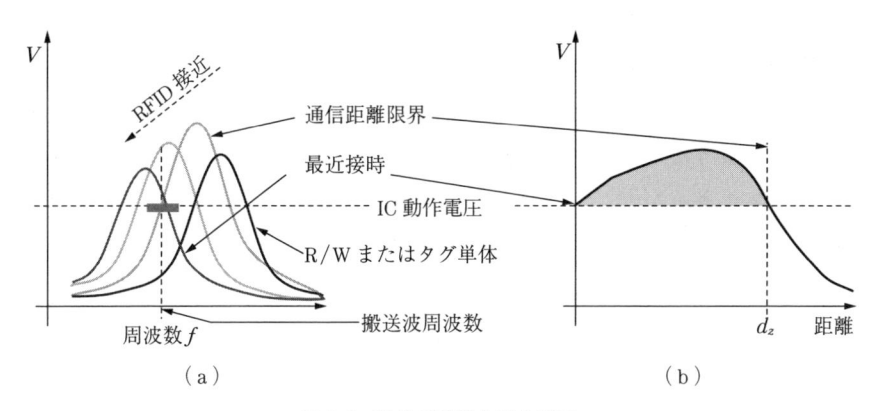

図3.4　動作周波数と動作電圧

ると，動作周波数が最も高い特性になる。R/Wとタグを近づけていくと，結合による相互作用により動作周波数が変化する。距離が近くなると結合が強くなり，動作周波数は低下する。このようにR/Wとの距離によって動作周波数のピークがシフトすることが，設計のポイントの一つとなる。図にはICの動作電圧を示す破線が示されており，この電圧以上を確保しないとタグは動作しない。さらに，変調による周波数帯域を考慮すると，この帯域幅が動作電圧を上回っている必要がある。図の例では，アンテナが単体のときには必要な周波数帯域では動作可能な電圧を確保できていない。しかしながら，タグがある程度近づくと，動作周波数が低域にシフトして周波数帯域内で動作電圧を確保できるようになる。さらにタグが近づくと，動作電圧を再び確保できなくなる。

図(b)のグラフは，R/Wとタグとの距離と動作電圧の関係を示している。タグとR/Wが離れているときは，結合が疎なため動作電圧はかなり低い値に留まっている。距離が近づいてくると誘導電圧が徐々に高くなり，ある距離でICの動作電圧を超える。このときの距離が通信距離の限界となる。

以上のようにタグとR/Wの距離によって，動作周波数と誘導電圧が変化する。ここではICが動作する最低電圧に着目したが，ICはある以上の電圧が印加されると壊れてしまうため，動作電圧には上限が存在する。そのため，誘導電圧と距離特性は，ICの動作電圧を上回るあたりでできるだけ平らになるほうが，通信距離の範囲も広くなり望ましい。

〔2〕 ル ー プ 巻 数

ループアンテナの端子に誘導される電圧Vは，電磁気学の知識として，**図3.5**に示すような，ループ面積Sとループを鎖交する磁界Hによって，$V=\omega\mu SH$ と表される[50]。ここで，μは透磁率，ωは角周波数である。電圧Vは鎖交する磁界の大きさHとループの面積Sとに比例している。

ループの面積を大きくとれば電圧は大きくなるが，カードやコインの大きさなどタグのサイズが決まれば物理的にループの面積も決まってしまう。そのため電圧を増やすには，巻数を増やす必要がある。そのためスパイラルアンテナのようにN回巻にすれば，各ターンによりループ面積Sが異なるため厳密に

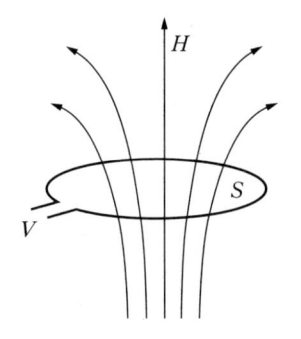

V：誘導電圧
H：磁界
S：ループ面積

図3.5 磁界による誘導電圧

は計算はできないが，面積も N 倍になり，その巻数 N 倍の誘導電圧が発生すると考えることができる。動作電圧を確保するには，R/W からの出力磁界 H を変える方法もあるが，磁界 H は電波法で上限が決まっている。そのためタグの面積 S と巻数 N でコントロールすることになる。

パッシブ型 RFID タグは誘導電圧によって IC を駆動するため，IC の動作電圧が得られる巻数が必要となる。クレジットカードの大きさの場合，巻数 N が 7 回であることが多い。アンテナの巻数 N を増やせば，誘導電圧 V が高くなるが，アンテナ長が長くなるので配線抵抗 R が増え，結局得られる電力は減少する。結論としては，ある巻数より多く巻いても電力伝送の効率は上がらず，最適な巻数 N が存在することになる。また，通信距離の範囲を考えたときに，最遠点で電力を確保できるように設計すると，最近点で IC の耐電圧を超えてしまう可能性があるので，この点も注意が必要となる。

また，図 3.6 のように，アンテナの動作周波数は，スパイラルのインダクタ

LC 共振	・スパイラルのインダクタンス成分 L ・線間の結合容量 ・装荷するキャパシタンス C
キャパシタンス C	・135 kHz 以下：回路素子で装荷 ・13.56 MHz： 　線路間結合容量と IC 接続の配線の線幅

図 3.6 電磁誘導方式 RFID の動作周波数

ンス成分 L とその線間の結合容量，さらに装荷するキャパシタンス C による，LC 共振により求めることができる。ここでキャパシタンス C は，135 kHz 以下の周波数では回路素子で装荷するが（図 1.9），13.56 MHz では，線路間結合容量と IC 接続の配線の線幅などの工夫で作り出すことが多い。

以上のことから，RFID タグの設計手順としては，**図 3.7** に示すようになる。

① タグの大きさから実現できるループ面積 S の決定
② 動作電圧に必要な巻数の決定
③ スパイラルの配線の決定（L および線間結合容量が求まる）
④ 装荷するキャパシタンス C の決定

受信電力
・タグの大きさから実現できるループ面積 S の決定
・動作電圧に必要な巻数の決定
・スパイラルの配線の決定
（R, L, M および線間結合容量 C が求まる）

動作周波数
・装荷するキャパシタンス C の決定

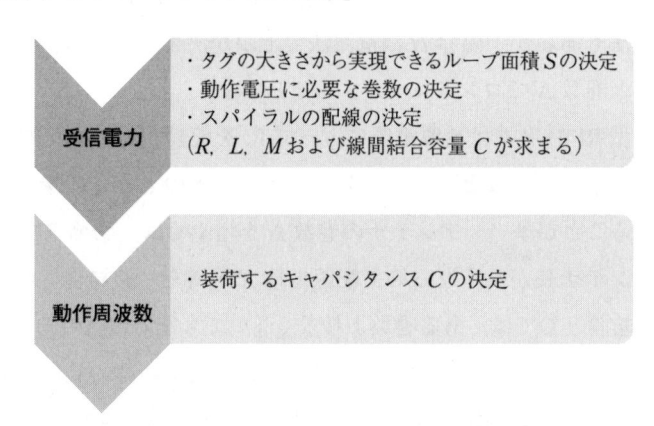

図 3.7 電磁誘導方式 RFID の設計手順

3.2 等価回路モデル

3.2.1 等 価 回 路

13.56 MHz 帯 RFID システムは，RFID タグも R/W も同じようなスパイラルアンテナを用いる。このため，これらの系は**図 3.8** に示すような疎結合のトランス回路として扱うことができる。RFID タグ，R/W ともにアンテナ部と駆動回路部で表している。アンテナ部は，配線の損失抵抗（R_{rw}, R_{cd}），インダクタンス（L_{rw}, L_{cd}），寄生容量（C_{rw}, C_{cd}）で表現できる。回路部は，タグ側

3.2 等価回路モデル

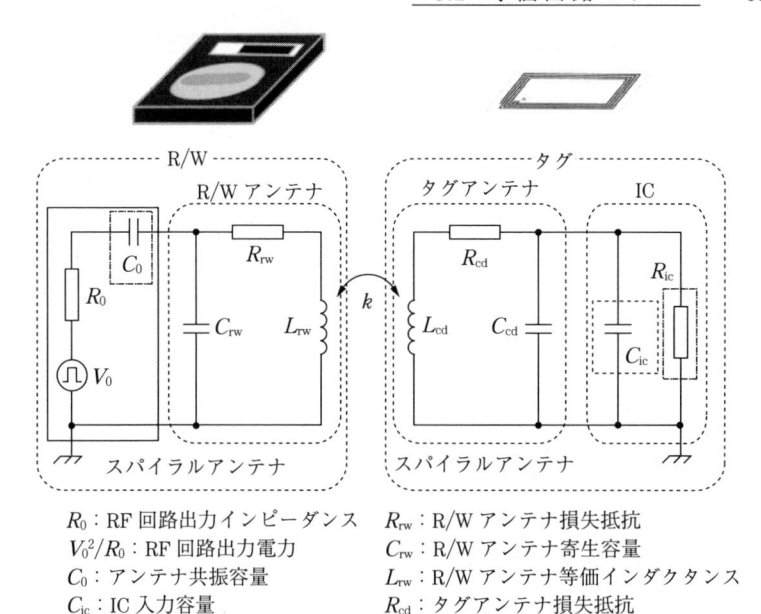

図3.8 13.56 MHz 帯 RFID システムの等価回路

R_0：RF回路出力インピーダンス
V_0^2/R_0：RF回路出力電力
C_0：アンテナ共振容量
C_{ic}：IC入力容量
R_{ic}：IC消費電力等価抵抗
R_{rw}：R/Wアンテナ損失抵抗
C_{rw}：R/Wアンテナ寄生容量
L_{rw}：R/Wアンテナ等価インダクタンス
R_{cd}：タグアンテナ損失抵抗
C_{cd}：タグアンテナ寄生容量
L_{cd}：タグアンテナ等価インダクタンス

はICの消費電力および動作電圧から算出される等価抵抗R_{ic}とアンテナと並列共振させるための容量C_{ic}で表される。また，R/W側は回路部の出力インピーダンスR_0とR/Wアンテナを直列共振させるための容量C_0で表される。R/W，タグ間は結合係数kのトランスとしてとらえることができる。

伝送される電力は，スパイラルの誘導電圧とアンテナ配線を流れる電流の積で得られる。電力伝送効率を向上させるためには，アンテナの配線抵抗R_{cd}を小さくし，インダクタンスL_{cd}を大きくすればよい。しかし，インダクタンスL_{cd}が大きければ受信電圧は増大するが，配線抵抗R_{cd}も増加するので電流値が減少してしまう。このため，ある巻数より多く巻いても，電力伝送効率の向上にはつながらず，最適な巻数が存在することを意味する。

そのうえ，通信信号を受けるのに必要な帯域幅BWから決まるQ値（$=f_c/BW$，f_c：搬送波周波数）をRFIDタグのQ値（$=\omega L/R$）が超えてはならな

い（$f_c/BW > \omega L/R$）ため，インダクタンス L_{cd} に上限が生じる。さらに巻数が多くなると，R/W と RFID タグのアンテナ間の結合係数 k が大きくなり，通信距離範囲内での結合係数 k の変動幅が大きくなる。このため，この結合係数 k の変動幅全域で動作させる必要が生じ，巻数が多い RFID タグの設計には困難が生じる[51]。

以上の理由から，実際には，IC の動作電圧が得られる最低限の巻数にすることで，配線抵抗を軽減し電流値を増やし，結合係数 k の変動幅が小さい安定した RFID タグを実現している。

3.2.2 抵抗・インダクタンス

まず，RFID タグ単体について考える。

スパイラルアンテナを構成する導体線による**抵抗** R 〔Ω〕は，線幅 w 〔m〕，線厚 t 〔m〕からなる線の断面積に反比例し，線路長 l 〔m〕，抵抗率 ρ 〔Ω・m〕に比例する。

$$R = \frac{l\rho}{wt} \tag{3.1}$$

しかし，導体に高周波電流が流れる場合，その断面に一様に電流が流れるのではない。**図 3.9** に示すように，導体中の電流密度は，導体の表面から内部に進むにつれて指数的に減衰する。これを**表皮効果**といい，**表皮厚**（skin depth：電流密度が表面の $1/e$ となる深さ。e は自然対数の底 $e = 2.718\cdots$）に

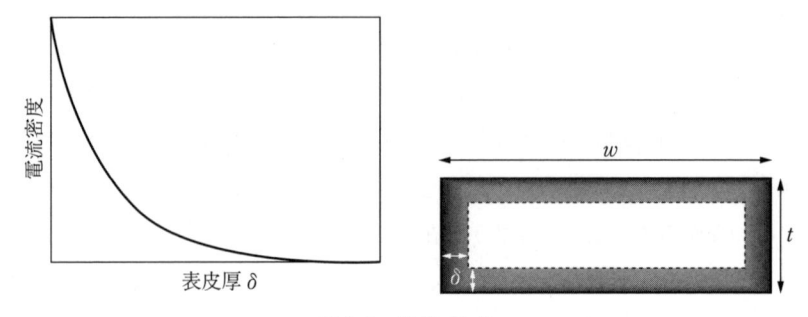

図 3.9 表皮効果

3.2 等価回路モデル

比べて導体が十分厚い場合には,表皮厚までパイプ状に一様に電流が流れ,それより深いところは流れないものとして取り扱うことができる[52]。

13.56 MHz 帯以下の低い周波数の場合は,式 (3.1) で問題はないが,900 MHz 帯,2.45 GHz 帯のように周波数が高い場合や,線厚が厚い(銅配線で 36 µm 以上)場合は,表皮効果により断面積が小さく見えるので,一般に,透磁率 μ 〔H/m〕,導電率 σ 〔S/m〕と置くと,表皮厚 δ,導体の抵抗 R は式 (3.2) のように表すことができる。

$$\left.\begin{array}{l} \delta = \sqrt{\dfrac{2}{\omega\sigma\mu}} = \sqrt{\dfrac{2\rho}{\omega\mu}} \\ R = \dfrac{l\rho}{2w\delta + 2t\delta - 4\delta^2} \end{array}\right\} \quad (3.2)$$

ここで,抵抗 R の分母がパイプ状の断面積になる。**図 3.10** に銅の周波数に対する表皮厚 δ を示す。

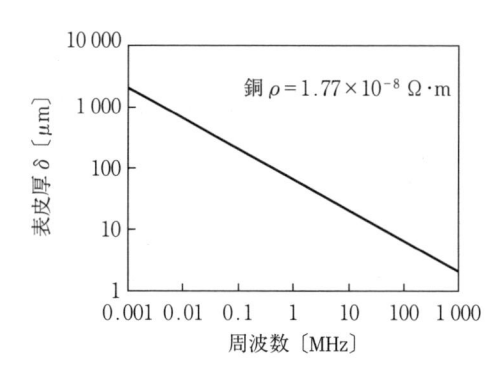

図 3.10 表 皮 厚

インダクタンス L については,RFID タグで使用しているスパイラルアンテナの配線間の相互インダクタンスを考慮する必要があり,簡単に求めることはできない。そこで,平面型スパイラルのインダクタンス L 〔µH〕を Bryan method[53] を基に長方形に変形した形として近似計算で表すと次式となる。

$$L = 0.241 \cdot a \cdot N^{5/3} \cdot \ln\frac{8a}{c} \quad (3.3)$$

$$\begin{cases} a = \dfrac{D_x + D_y - \{(N-1)(w+g)+w\}}{0.4} \\ c = 5\{(N-1)(w+g)+w\} \end{cases}$$

$\left.\begin{array}{l}D_x\\D_y\end{array}\right\}$：外形寸法〔m〕　　N：巻数
　　　　　　　　　　　　　　g：線間〔m〕

　以上に基づき，よく用いられるカード型 RFID タグの解析事例として，図 3.11 にカード形状（外形寸法が $60 \times 40 \text{ mm}^2$）のスパイラルの巻数 N と線路長 l の関係を，図 3.12 に抵抗 R，インダクタンス L の計算結果を示す。この結果から，抵抗 R，インダクタンス L は線路長に比例している。電磁気などの教科書では，インダクタンス L および相互インダクタンス M は，巻数に比例することになっているが，図 3.12 に示した巻数以上になるとコイル径が段々と小さくなるため，インダクタンス L は単調には増加しなくなる。

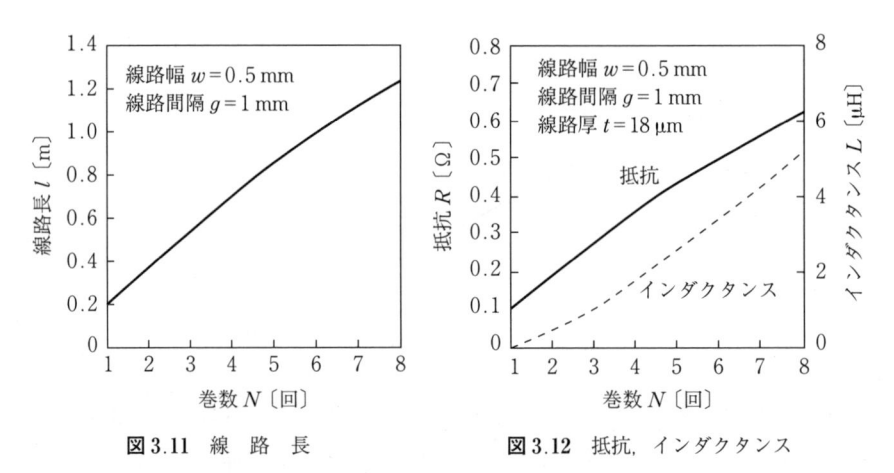

図 3.11　線　路　長　　　　図 3.12　抵抗，インダクタンス

　先述のようにスパイラルアンテナの導体に抵抗 R が存在することから，キャパシタンス C については，スパイラルの始点 − 終点間には電位差 V が生じる。このため，近接するスパイラルの線間に浮遊容量が生じる。微小なキャパシタンスが並列に存在していると考えることができるため，線間 g とその間の電位差 V（抵抗 R とループ長 l によって決まる）より求まる微小容量の和として

求められる。

3.2.3 相互インダクタンス

R/W と RFID タグのアンテナ間で問題となる**相互インダクタンス** M について考える。これはノイマン（Neumann）の公式より求めることができる。二つのループ C_1, C_2 を縁とする面を S_1, S_2 とすれば，一般式として相互インダクタンス M と結合係数 k は式 (3.4)，(3.5) のように閉路 C_1, C_2 上の線積分で表される[52]。ここで θ は，線素 dS_1, dS_2 のなす角である。

$$M = \frac{\mu}{4\pi} \oint_{C_1} \oint_{C_2} \frac{\cos\theta\, dS_1 \cdot dS_2}{r} \tag{3.4}$$

$$k = \frac{M}{\sqrt{L_1 L_2}} \tag{3.5}$$

より現実的な形状を考えるため**図 3.13** に示すように，まず平行 2 線の場合について求め，それを用いて方形ループ間の結合係数を求める。電磁気学の問題の範囲に入るものなので，導出の詳細は省略する[50]。

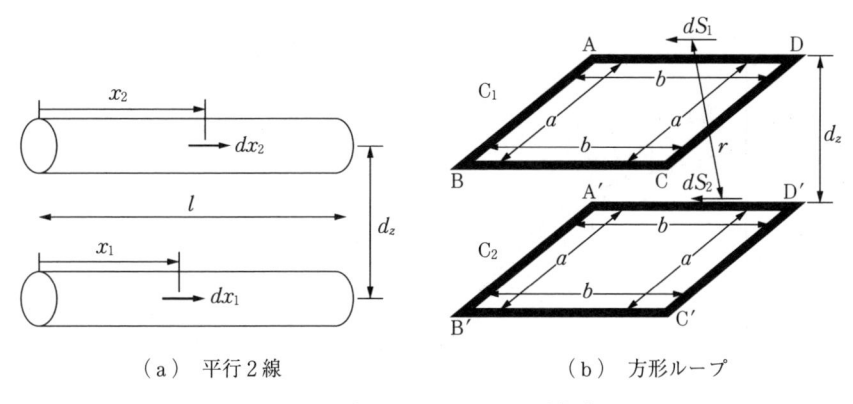

（a）平行 2 線　　　　　（b）方形ループ

図 3.13　相互インダクタンス計算系

平行 2 線の場合は，2 線間の距離を d_z とすると，次式のようになる。

$$M = \frac{\mu_0}{4\pi} \int_0^l \int_0^l \frac{dx_1 dx_2}{\sqrt{(x_1 - x_2)^2 + d_z^2}}$$

$$= \frac{\mu_0}{2\pi}\left(l\log\frac{l+\sqrt{l^2+d_z^2}}{d_z} - \sqrt{l^2+d_z^2} + d_z\right)$$

$$\fallingdotseq \frac{\mu_0 l}{2\pi}\left(\log\frac{2l}{d_z} - 1\right) \qquad (d_z \ll l) \tag{3.6}$$

これを基に,方形ループ間の場合に拡張すると,次式のように求まる.

$M_{\text{AB-BC}} = 0 \qquad \because \quad \cos 90° = 0$

$$M = M_{\text{AB-A'B'}} - M_{\text{AB-C'D'}} + M_{\text{BC-B'C'}} - M_{\text{BC-D'A'}}$$
$$+ M_{\text{CD-C'D'}} - M_{\text{CD-A'B'}} + M_{\text{DA-D'A'}} - M_{\text{DA-B'C'}} \tag{3.7}$$

$$M = \frac{\mu_0}{\pi}\left[a\log\frac{\left(a+\sqrt{a^2+d_z^2}\right)\sqrt{b^2+d_z^2}}{\left(a+\sqrt{a^2+b^2+d_z^2}\right)d_z} + b\log\frac{\left(b+\sqrt{b^2+d_z^2}\right)\sqrt{a^2+d_z^2}}{\left(b+\sqrt{a^2+b^2+d_z^2}\right)d_z}\right.$$
$$\left. + 2\left(\sqrt{a^2+b^2+d_z^2} - \sqrt{a^2+d_z^2} - \sqrt{b^2+d_z^2} + d_z\right)\right] \tag{3.8}$$

これに基づき,外形寸法が $60 \times 40 \text{ mm}^2$,線幅 $w:0.5 \text{ mm}$,ピッチ $g:1$ mm,巻数が $1 \sim 7$ のスパイラルアンテナに対する相互インダクタンスを図 3.14 に示す.この結果,ループ間の距離を離していくと,相互インダクタン

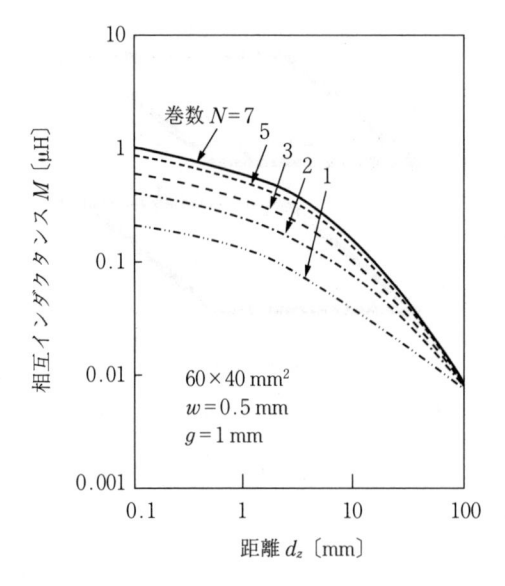

図 3.14 相互インダクタンスの距離特性

ス M は緩やかに減衰し始める．スパイラルの巻数 $N=1$ の場合，距離 $d_z=1$ cm を超えるあたりから減衰が急峻になり，巻数 $N=7$ の場合，距離 $d_z=10$ cm を超えるあたりから減衰が急峻になる．このように，相互インダクタンス M は，スパイラルアンテナの巻数を増やした場合には，距離に対する平坦性が改善されることから，抵抗の増加を考慮しつつ使用距離範囲内で最大限平坦となる形状，巻数を決定する必要がある．

以上，簡単な数値計算で求められる自己インダクタンス L，相互インダクタンス M を示したが，実際には線間の結合により若干異なるものとなる．カードサイズ 60 mm×40 mm のカード型 RFID タグの自己インダクタンス L の解析事例を**図 3.15** に示す．

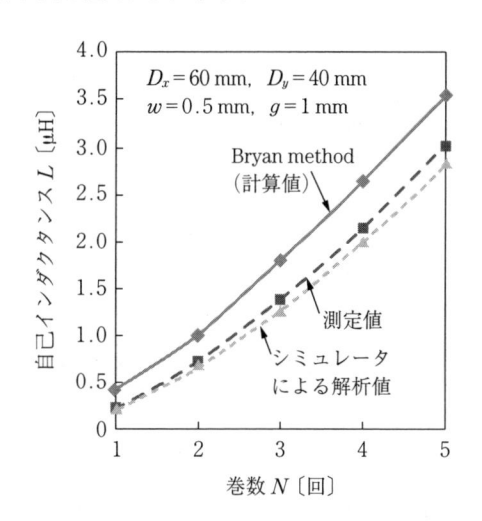

図 3.15 自己インダクタンスの解析事例

巻数を変化させて，Bryan method を用いた計算値，ICT（improved circuit theory）法[54]を応用したシミュレータ[55]による解析値，さらに測定値[51]を示している．シミュレータによる解析値と測定値はほぼ一致しているが，簡易計算の Bryan method では 20％程度の結合や材料定数による誤差が生じている．測定値と Bryan method による計算値を合わせるには，式 (3.3) の最初の係数 (0.241) を測定値に基づき調整することにより対応できる．

3.3 応用事例

パッシブ型 RFID タグ側のアンテナは，ループアンテナが基本となっている。一度に複数の RFID タグを読み取れる方式（**アンチコリジョン方式**）への対応，タグを重ねたときのインピーダンス変化への対応などにより，さまざまな形状，意匠（例えば木の葉型など）のアンテナが採用されている。また，R/W 側のアンテナも RFID タグと同様にループアンテナを採用している。改札機や決済システムなどでは，アンテナ単体で使用されるものが多いが，用途によってはタグの向きによる未検知を防ぐため，二つのアンテナを直交して配置するなどの対応がなされている。

携帯電話の場合，13.56 MHz 帯の RFID システムが内蔵され使用されている。内蔵されている RFID システムは，単純な RFID タグではなく，データをやり取りするための R/W 機能も装備しているが，バッテリなど金属の近傍にある影響およびそれへの貼付には大きな課題がある。金属に直接貼付した場合，ループアンテナを鎖交する磁界がないため，誘導起電力が発生せず動作しない。そのため，金属とアンテナ間にできるだけすきまを設け，鎖交する磁界を増やす必要がある。一方，タグの厚さはできるだけ薄くしたい要求があるので，一般的には，厚さ 0.1 ～ 0.2 mm 程度，比透磁率 50 ～ 100 程度の磁性体シートを，**図 3.16** のように金属とタグの間に挿入し，磁性体内に磁界を集中させる方法が用いられる[5), 56)]。**図 3.17** に実際に使用されているフェライト付き RFID タグを示す。

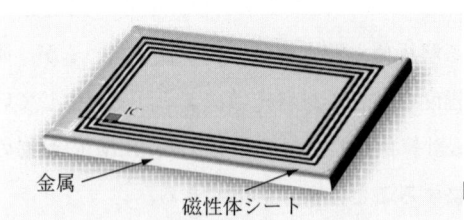

図 3.16 金属対応 RFID タグ

磁性体

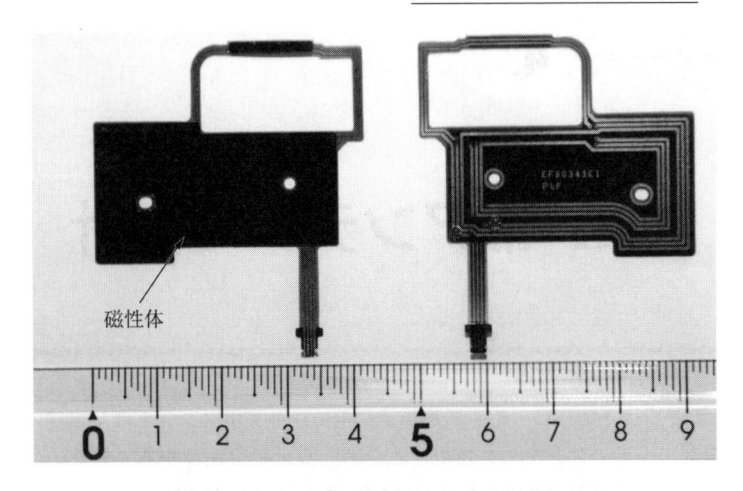

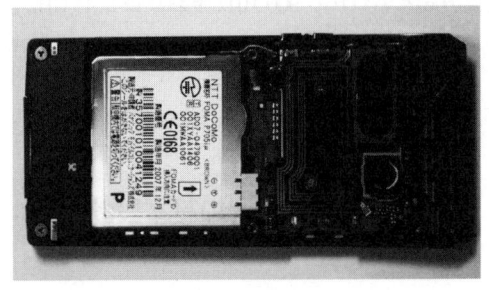

(a) パナソニックモバイルコミュニケーション製

(b) 村田製作所製

図 3.17 携帯電話内蔵フェライト付き RFID タグ
（NTT ドコモ提供）

4.
UHF帯アンテナの設計

 3章で述べたように,電磁誘導方式のRFIDタグ用アンテナは,波長に比べ非常に小形のアンテナを使用するため,設計の自由度があまりない。これに対し,電波方式といわれる900 MHz帯および2.45 GHz帯のRFIDタグ用アンテナは,波長が短いので設計の自由度が高く,小形化,多周波化など研究者のアイデアが十分に発揮することができる。本章では,900 MHz帯および2.45 GHzのRFIDタグの設計について述べる。

4.1 アンテナの基本設計

 物品・物流管理,トレーサビリティなどの用途に用いられるRFIDシステムは,通信距離の長い900 MHz帯(860〜960 MHz)や2.45 GHz帯を用いる。このとき,RFIDタグに使われるアンテナは基本的にはダイポールアンテナである。自由空間内での半波長ダイポールアンテナの長さは,900 MHz帯の場合で約16 cm,2.45 GHz帯の場合で約6 cmとなる。そのため,クレジットカード大で実装しようとすると,2.45 GHz帯の場合はRFIDタグ内にダイポールアンテナは問題なく収まるが,900 MHz帯の場合はダイポールアンテナを折り曲げた**メアンダーライン**(meander line)を用いるなど工夫が必要となる[48),57)〜60)]。しかし,900 MHz帯は使用されている国によって微妙に異なっているため,航空貨物や物流などの用途においてUHF帯のRFIDシステムを世界中で使用可能とするには,アンテナの広帯域化が必要である。

 図4.1に900 MHz帯RFIDタグの例を示す。カード内で共振させるため,ダ

(a) 卍形　　　　　　　　　(b) 父字形

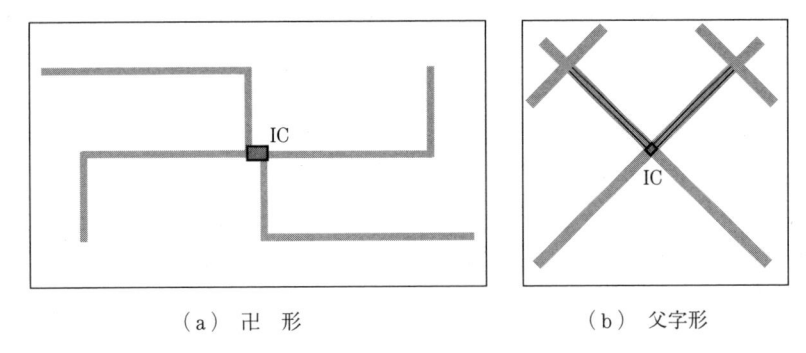

図 4.1 900 MHz 帯 RFID タグの例

イポールアンテナを折り曲げて配置する。さらに広帯域化のため，長さの異なる素子を付加したり，アンテナの配線幅を広くしたりする。図では，卍形，父字形であるが，M 字形，π 字形，筆記体形[33),61),62)] などの意匠が存在する。

これに対し，R/W 側のアンテナは，回路側に電磁波を放射し誤動作をさせないため，さらには，アンテナと回路を同一平面上に作製するため，**図 4.2** のように単向性のパッチアンテナがよく用いられる。また，RFID タグのアンテナは直線偏波であるものがほとんどであるため，RFID タグのアンテナの向きがどの方向でも通信できるように，円偏波放射素子を採用することが多い。

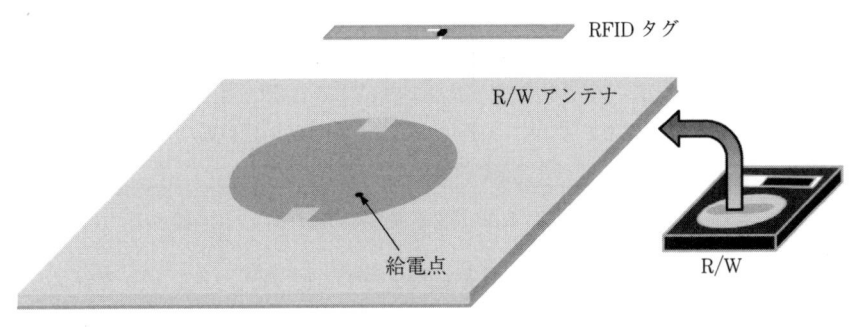

図 4.2 単向性のパッチアンテナ（UHF 帯 RFID のアンテナ系）

4.2 RFID タグでの受信電力

4.2.1 IC とのインピーダンス整合

RFID タグのアンテナ設計上で最も重要なのは,アンテナの利得もさることながら,RFID タグに取り付ける IC との整合性である。図 4.3 の模式図のように,電力の流れを示すことができる。アンテナ側で共役整合を取ることで,受信電力をもらさず IC に供給することが必須である。

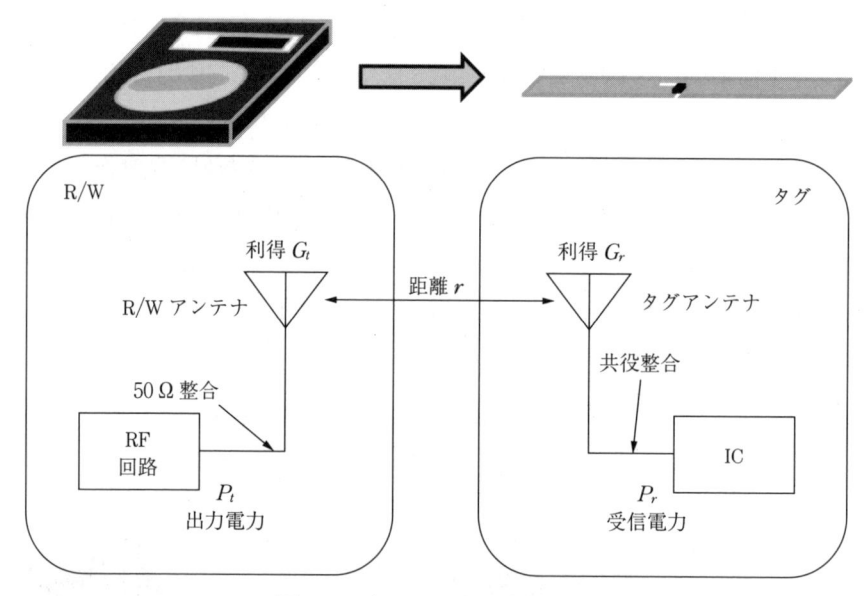

図 4.3 R/W - タグ間の電力流れ図

一般的に,IC は入力容量成分が支配的なので,IC の入力インピーダンス Z_{IC} は,式 (4.1) で表される。

$$Z_{IC} = R_{IC} - j\frac{1}{\omega C_{IC}} \tag{4.1}$$

これより,アンテナに求められる入力インピーダンス Z_{Ant} は,式 (4.2) のように定義される。

$$Z_{\text{Ant}} = R_{\text{Ant}} + j\omega L_{\text{Ant}} \tag{4.2}$$

$$\begin{cases} R_{\text{Ant}} = R_{\text{IC}} \\ \omega L_{\text{Ant}} = \dfrac{1}{\omega C_{\text{IC}}} \end{cases}$$

R_{IC}：IC の抵抗，C_{IC}：IC のキャパシタンス

R_{Ant}：アンテナ入力インピーダンスの抵抗分

L_{Ant}：アンテナ配線によるインダクタンス

さらに，アンテナで受信した電力が熱損失として消費されるのを防ぐために，その抵抗分（R_{IC}, R_{Ant}）は極力小さいことが望ましい。

ここで，IC の入力インピーダンスはそれぞれの設計および周波数にもよるが，一般的に式 (4.3) の範囲にある。

$$\begin{cases} 5 \leq R_{\text{IC}} \leq 50 \\ 5 \leq \left| \dfrac{1}{j\omega C_{\text{IC}}} \right| \leq 2\,000 \end{cases} \tag{4.3}$$

図 4.4 に，長さ 150 mm のダイポールアンテナ（1 000 MHz において $\lambda/2$ 相

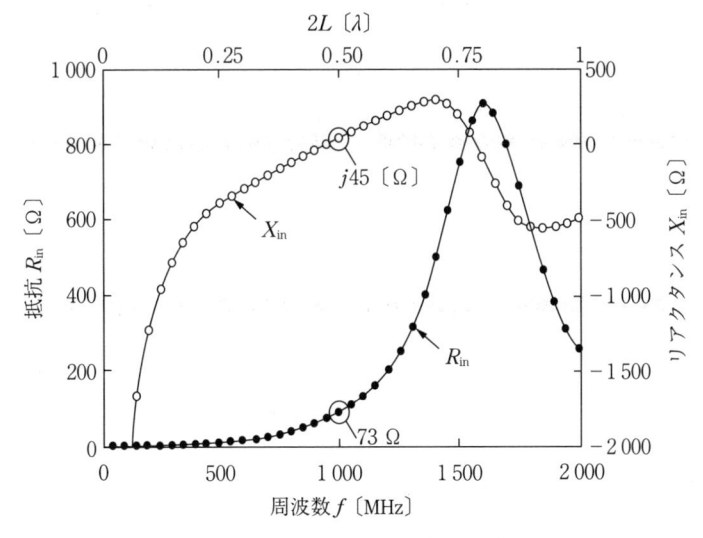

図 4.4　ダイポールアンテナの入力インピーダンス

当）におけるインピーダンスの周波数特性（長さ特性）を示す。このグラフから，半波長ダイポールアンテナのインピーダンスは，$Z_{\text{Dipole}} ≒ 73 + j45$〔Ω〕であり，IC と直接共役整合を取ることが難しいことがわかる。

これに対して，アンテナ長 L を若干短くすることで抵抗成分 R が下がり抵抗分の整合が取りやすくなる。**図 4.5** に IC とのインピーダンス整合方法を示す。

抵抗分
・アンテナ L：若干短く
・抵抗成分 R が下がる
・抵抗分の整合が取りやすくなる

リアクタンス成分の不足
・IC を接続する引出し配線
・インダクタンスを生成し補う

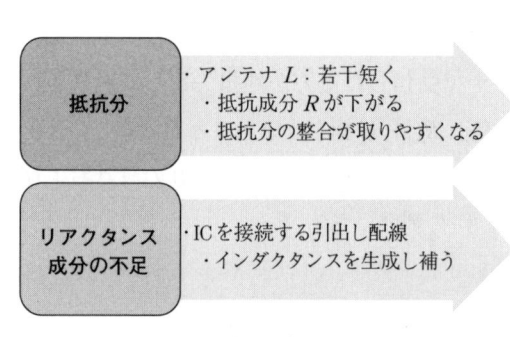

図 4.5 IC とのインピーダンス整合法

また，リアクタンス成分の不足は，**図 4.6** に示すような IC を接続する引出し配線の線路長 l_p でインダクタンスを生成し補うことで共役整合を実現できる。

半波長ダイポールアンテナ
IC
$\lambda/2$
dl

引出し配線付きダイポールアンテナ
l_p
IC
dl

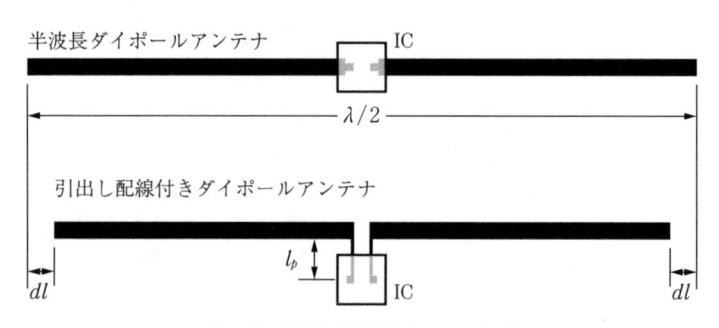

図 4.6 引出し配線付き RFID タグ

図 4.7 に引出し配線長 l_p を 10 mm まで変えたときのインピーダンス特性の例を示す。実部 R の変化はあまりないのに対し，虚部 X が大きく変化しているのがわかる。これより，インピーダンス虚部 X の調整が可能であり，アン

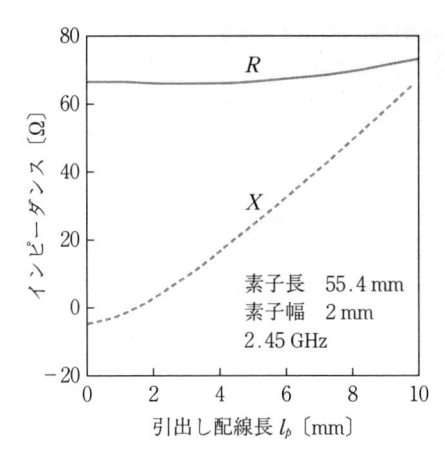

図4.7 引出し配線長 l_p によるインピーダンス特性

（グラフ内）素子長 55.4 mm／素子幅 2 mm／2.45 GHz

テナの受信電力 P_r をそのまま IC へ供給することが可能となる。

図4.8 に，IC との整合させる他の方法を示す。**ティーマッチフィード**（T-match feed）や**インダクティブリーカップルドループ**（inductively coupled loop）と呼ばれ，IC をギャップの位置に接続して使用する。ティーマッチフィードは，引出し配線の一変形と考えることができ，先の説明と同様に引出しの配線を変えて虚部との整合を取ることになる。インダクティブリーカップルドループは，ループと電磁的に結合させることで整合させる。ループの大きさを変えることで，虚部を調整し IC と整合させることができる。

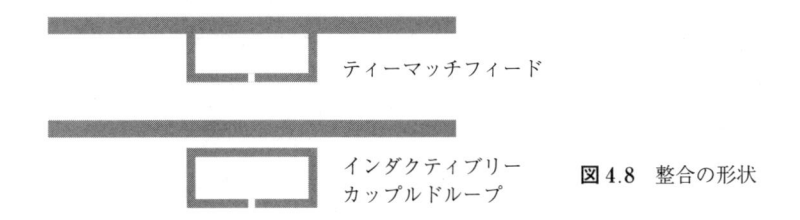

図4.8 整合の形状

以上，UHF 帯 RFID タグの設計手順をまとめると，**図4.9**のようになる。
① タグの大きさから，アンテナ素子の配線を決定
② アンテナ素子長を決定（インピーダンス実部 R の合せ込み）
③ IC 接続引出し配線の長さを決定（インピーダンス虚部 X の合せ込み）

```
┌─────────────────────────┐
│ タグの大きさから          │
│ ・アンテナ素子の配線を決定 │
└─────────────────────────┘
            ↓
  ┌─────────────────────────┐
  │ アンテナ素子長を決定       │
  │ ・インピーダンス実部 R の合せ込み │
  └─────────────────────────┘
              ↓
    ┌─────────────────────────────┐
    │ IC 接続引出し配線の長さを決定    │
    │ ・インピーダンス虚部 X の合せ込み │
    └─────────────────────────────┘
```

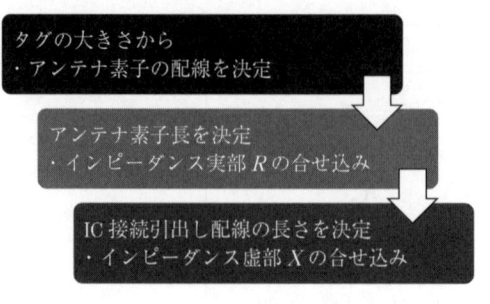

図 4.9　UHF 帯 RFID タグの設計手順

4.2.2　静 電 気 対 策

実際に使われているパッシブ型の RFID タグ用アンテナは，単純な 2 導体のダイポールとはなっていない。図 4.2 または図 4.12 で示すように，1 導体で IC 接続部に L 字形のスリットが入った構造となっている[37),63),65)]。これは，ダイポールアンテナではすべての周波数成分に対し IC 端子が開放端になり，アンテナの片側に静電気などの高電圧ノイズが印加されると IC 端子に高電圧がかかり IC が破損してしまうからである。その対策として，IC 端子を DC 的に短絡した形状とすることで，IC の破損を防ぐことができる。

このアンテナは以下のように考えることができる。図 4.10 (a) に示すように，まず入力インピーダンスが Z_{in} となるパッチアンテナを考える。これはアンテナとチップを共役整合させるため，最初に抵抗成分 R_{Ant} を IC の入力インピーダンスの実部 R_{IC} と合わせ，のちにリアクタンス成分を合わせ込むよう，引出し配線長からなるインダクタンスで調整するためである。

つぎに，このパッチアンテナは無限平板のグランド面があるため，これによる鏡像を考えると図 (b) のようになる。ここで共振周波数におけるパッチは，両端部が ±V の電位となることから，そのセンタは電位 0，つまりグランド（GND）と等価になる。

そこで，図 (c) に示すような，このセンタをグランドの代わりにしたグランドレスパッチアンテナが考えられる。ただし，このときの入力インピーダン

4.2 RFIDタグでの受信電力　85

（a）パッチアンテナ

（b）ミラーパッチアンテナ

（c）グランドレスパッチアンテナ

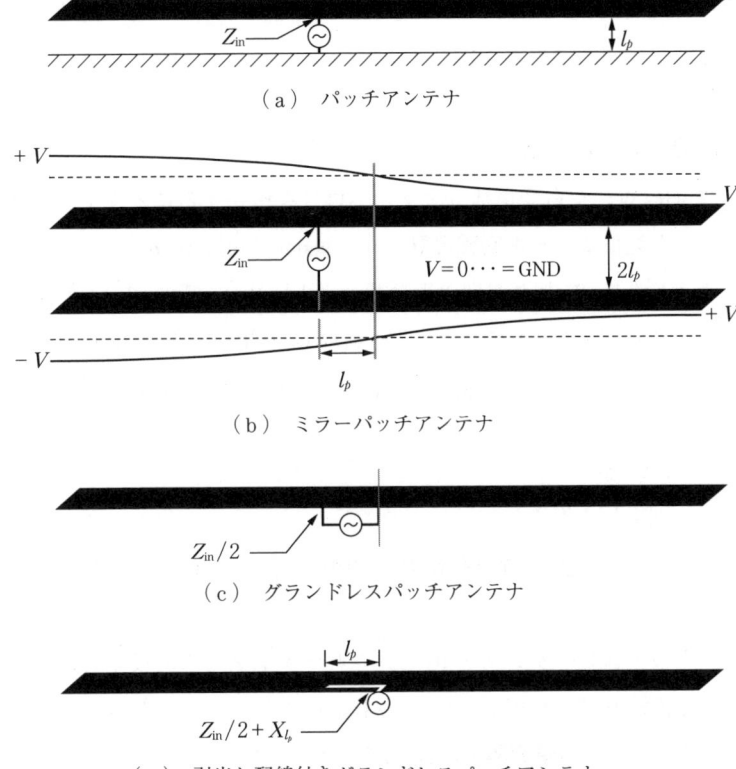

（d）引出し配線付きグランドレスパッチアンテナ

図4.10　鏡像法による考察

スはダイポールアンテナに対するモノポールアンテナと同様に，パッチアンテナの入力インピーダンス Z_{in} の半分の値となる。

さらに，図（d）のように，中央での給電を考えると，先の入力インピーダンス $Z_{in}/2$ に，引出し配線長 l_p によって生じるインダクタンスによるリアクタンス成分 X_{l_p} を考慮して加算する必要がある。これを IC 端子から見た RFID タグ用アンテナの入力インピーダンスとみなすことができる。つまり，実際の RFID タグ用アンテナは**引出し配線付きグランドレスパッチアンテナ**であるといえる。このアンテナの動作および利得はダイポールアンテナと同様である。

最大の利点は，IC 端子が DC 的に短絡されており，共振周波数（搬送波周

波数)以外の周波数に対してICの両端子が同電位となるため,静電気などに対する耐性が飛躍的に改善される点である.

4.2.3 通 信 距 離

送信機 (R/W) から受信機 (タグ) へ信号を伝送することができるか,送信出力などを見積ることを**回線設計** (line design, link budget) という.図4.3 に示すように,R/W とタグ間の距離を r とし,R/W 側の RF 回路出力 P_t とアンテナ利得 G_t,RFID タグのアンテナ利得 G_r を用いると,RFID タグの最大受信電力 P_r は,フリスの伝達公式 (Friis transmission equation)[66] により式(4.4)となる.

$$P_r = \left(\frac{\lambda}{4\pi}\right)^2 P_t G_t G_r \qquad (4.4)$$

ここで,$P_t G_t$ を**実効放射電力** (EIRP:equivalent (または effective) isotropic radiated power) という.

アンテナのインピーダンスを IC のインピーダンスとの共役整合とすることにより,受信電力がすべて IC で消費されるとすると,受信電力 = IC の消費電力となることから,**通信距離** r は式(4.5)のように表すことができる.

$$r = \sqrt{\frac{P_t A_t}{\lambda^2 P_d}} = \frac{\lambda}{4\pi}\sqrt{\frac{P_t G_t G_r}{P_r}} \qquad (4.5)$$

これは RFID タグからの返信が back scatter(後方散乱変調)方式であり,RFID タグが動作可能な電力が送信できさえすれば,その動作による返信信号は R/W から見た電力伝送効率(インピーダンス)の変化という形で検知されるためである.

ここで**図4.11**に距離に対する RFID タグの受信電力を示す.このグラフから,RFID タグのアンテナの利得がダイポール相当の場合,IC 駆動電力が 1 mW であれば最大通信距離は,搬送波が 2.45 GHz の場合で約 80 cm,950 MHz の場合で約 2 m となり,波長換算分だけ通信距離が延伸化される.

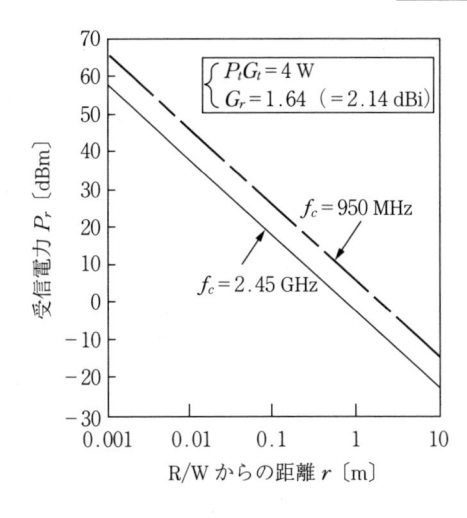

図 4.11 RFID タグの受信電力

グラフ: 受信電力 P_r [dBm] 対 R/W からの距離 r [m]
条件: $\begin{cases} P_t G_t = 4\text{ W} \\ G_r = 1.64\ (=2.14\text{ dBi}) \end{cases}$
曲線: $f_c = 950\text{ MHz}$, $f_c = 2.45\text{ GHz}$

4.3 応 用 設 計 例

　RFID タグは自由空間内で用いるように設計されているため,衣料品など誘電率が低く薄いものに貼付して使用する場合は,電気的特性への影響はほとんど問題とはならない。しかし,缶ジュースやペット(PET)ボトル飲料といったものに貼付して使用する場合には,電気的特性への影響を考えなければならない。RFID タグを金属に貼付して使用する事例として,物流管理で缶詰や輸送用コンテナに貼付する場合や,自動車の製造管理や製造プラントの配管などの維持管理に使用する場合がある。RFID タグを金属に貼付して使用する場合は,金属部で電界が 0 になり,アンテナが動作しない。ペットボトルに貼付して使用する場合は,ボトルの誘電率が低く厚さが薄いため,電気的にはボトルの影響が無視できてしまう。そのため,中身に入っている高誘電率の液体の影響で,アンテナ特性が変化し,通信距離の短縮や,動作不能となる。こうした理由から,このような使用環境では,それに特化したアンテナが必要となる[5]。
　本節では,これら,誘電体や金属に貼付しても動作する RFID タグについて述べる。

4.3.1 誘電体対応例（ダイポールアンテナ）

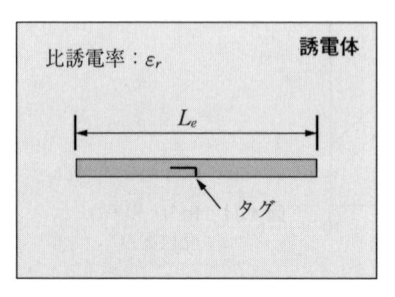

RFIDタグを誘電体に貼付する事例としては，**図 4.12**に示すように，誘電体内に埋め込む場合（図（a））と，誘電体の表面に貼付する場合（図（b））がある。

（a）誘電体内に埋め込む場合　　（b）誘電体の表面に貼付する場合

図 4.12　RFIDタグを誘電体に貼付する事例

自由空間内用に設計されたRFIDタグは，**図 4.13**に示すように，誘電体（比誘電率 $\varepsilon_r = 3.0$）に貼付することにより共振周波数が大幅に変わってしまい，システム周波数（2.45 GHz）では通信が不可能になる。

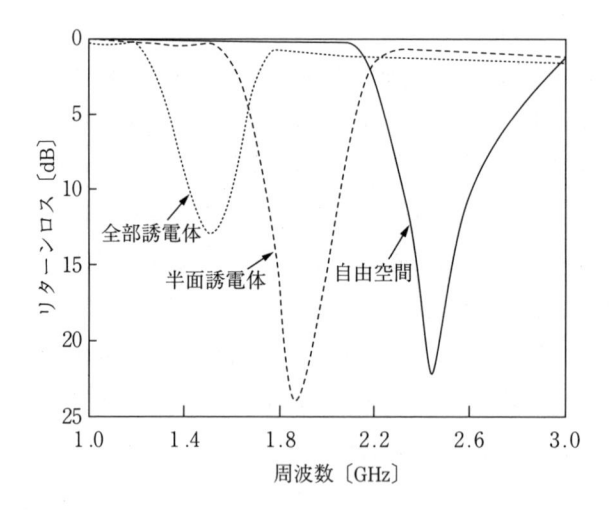

図 4.13　誘電体貼付時のリターンロス

そのため，RFID タグを誘電体媒質内で用いる場合は，比誘電率 ε_r による波長短縮効果により，式 (4.6) のようにアンテナ長 L を短く L_e にすれば通信が可能となる。

$$\lambda_e = \frac{\lambda_0}{\sqrt{\varepsilon_r}} \quad \rightarrow \quad L_e = \frac{L}{\sqrt{\varepsilon_r}} \tag{4.6}$$

また，RFID タグを誘電体に貼付して利用する場合は，式 (4.7) のように等価誘電率 ε_{eff} を空気との平均値として考えて設計すれば通信が可能となる。

$$\lambda_e = \frac{\lambda_0}{\sqrt{\varepsilon_{\text{eff}}}}, \quad \varepsilon_{\text{eff}} = \frac{(1+\varepsilon_r)}{2} \quad \rightarrow \quad L_e = \frac{L}{\sqrt{\varepsilon_{\text{eff}}}} \tag{4.7}$$

4.3.2 誘電体・金属対応例（パッチアンテナ）

RFID タグを水や人体のような高誘電体に貼付して用いる場合，特にビンやペットボトルが輸送の際に振動や傾いた場合には，図 4.14 に示すように，RFID タグに接している箇所が液体になったり，空気になったりすることがある。この場合は，アンテナ特性が大きく変化してしまい読取りが不可能になる。また，金属には貼付して使用することもできない。RFID タグを高誘電体や金属に貼付した状態で使用するには，図 4.15 に示すパッチアンテナのような単向性の素子を用いることが最も簡単な方法である。この場合，R/W との通信は金属/誘電体との反対側からに限定されるが，金属/誘電体側はグランド（GND）によりシールドされた形となるため，貼付物によるアンテナ特性の変化がなく，読取りが可能となる。

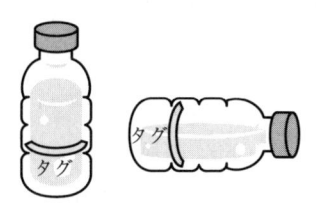

図 4.14　ボトル貼付タグ　　　　図 4.15　パッチアンテナ

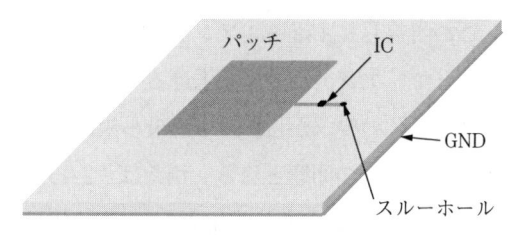

図 4.16 に実際に試作したパッチアンテナを示す。この試作アンテナは厚さ 1 mm のガラスエポキシ基板 ($\varepsilon_r = 4.7$) を用い，各寸法は μ-Chip® の入力インピーダンスと共役整合するように最適化している。ダイポール相当 ($G_r = 2.14$ dBi) のアンテナを実装したインレット (チップにアンテナを取り付けた形態) は金属に装着させた状態で動作不可能であるが，このパッチアンテナ ($G_r = 0.00$ dBi) では，空気中および金属に貼付させた状態の双方において対インレット比で 78% ($= 1.64^{-1/2}$) の通信距離を実現している。

図 4.16 試作パッチアンテナ

4.3.3 金属対応例 (折返しダイポールアンテナ)

一般的なダイポールアンテナタイプのタグを金属に貼付すると，その鏡像効果により電界が打ち消され，通信が不可能となる。しかし，磁界を用いるループアンテナでは，逆に鏡像効果で磁界が強め合うことからアンテナとして機能する。そこで，ダイポールアンテナタイプのタグの両端を折返しループ形状とすることで，金属に貼付させても通信が可能となる (図 4.17)。

この折返しダイポールアンテナは折返しによりできるループ面積を大きくすることで，アンテナ効率を上げることが可能である。しかし，実用的な面からの低姿勢化の要求から，厚さを最小限に抑える必要があり，通信距離と厚さのトレードオフの問題となる。例えば，2.45 GHz 帯の μ-Chip® の通常インレットを折り曲げて，厚さ 1 mm のループを作製した場合，そのアンテナ利得は $G_r = -10 \sim -20$ dBi となる。通信距離は 4.3.2 の場合と比べ 30% 程度以下 (=

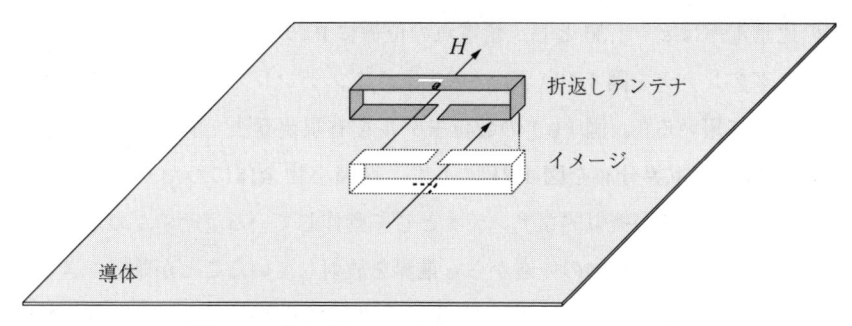

図 4.17 金属貼付タグ用折返しダイポールアンテナ

$0.1^{-1/2}$）に低下するが，R/W 出力によっては認証可能となる．

950 MHz 帯で金属貼付小形タグの例を示す．**図 4.18** に示すように市販されているインレットを誘電体（ポリエチレン）に巻きつけたタグを用いる．誘電

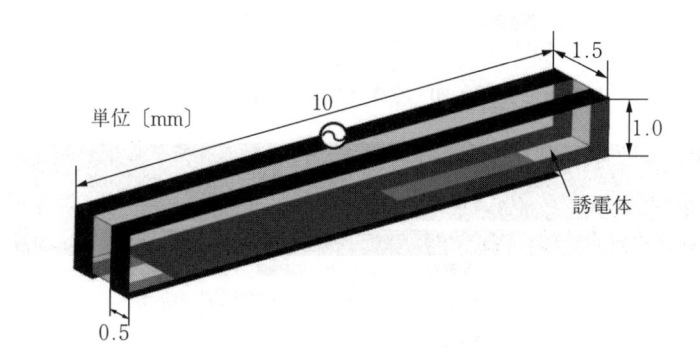

図 4.18 950 MHz 帯金属貼付タグアンテナ

（a） ステンレス製の医療用鋼製小物に装着

（b） 数値モデル

図 4.19 鋼 製 小 物

体の比誘電率は $\varepsilon_r = 2.36$ とし，給電点の位置に IC チップがある．この金属貼付用タグアンテナを図 4.19（a）に示すようなステンレス製の医療用鋼製小物に装着して用いる[64]．図（b）の数値モデルを有限要素法で解析した電流分布を図 4.20 に，電界分布を図 4.21 に示す．鋼製小物全体にわたり電流が分布し，鋼製小物自体が擬似的なアンテナとして動作している．そのため，タグからだけではなく鋼製小物の先端からも電界を放射していることが確認できる．タグの貼付位置にもよるが，図のように中央部に貼付した場合，出力 1 W の R/W を用いることで，通信距離が約 85 cm まで可能となることが実験的に確認されている．

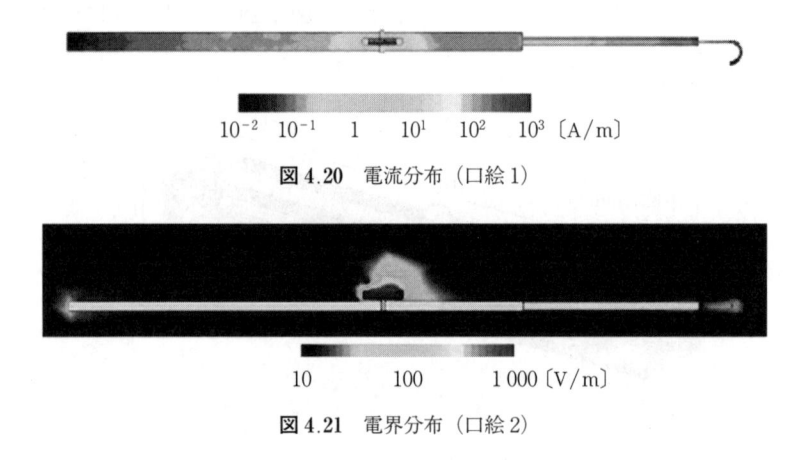

図 4.20　電流分布（口絵 1）

図 4.21　電界分布（口絵 2）

4.3.4　広帯域化例（無給電素子付きダイポールアンテナ）

アンテナの特性は貼付する個体の誘電率と形状によって変化する．4.3.2 で述べたパッチアンテナ型 RFID タグでは，貼付平面と垂直な方向に通信を行うものであった．しかし，表紙などに RFID タグが貼付された本や DVD が棚に並べられた場合では，貼付平面と平行な方向に通信を行う必要が生じる．さらに，RFID タグを紙やプラスチックなどさまざまな誘電率の個体に対応させるためには，幅広い周波数帯域で動作するアンテナが必要となることと等価である．ここでは，このような場合について解説する．

一般に，本の表紙やDVDのパッケージに用いられる紙やプラスチックは，比誘電率 $\varepsilon_r = 2.0 \sim 5.0$ の範囲に収まるので，この範囲の誘電体に対応できるアンテナが必要となる。アンテナの広帯域化にはさまざまな手法が報告されている[67)～71)]。

図 **4.22** に示すように一般的なダイポールアンテナは，素子長が片側 $\lambda_1/4$ の長さであるため，周波数 f_1 で共振する。この帯域を広げるために，幅が広がった素子を用いる。素子の最長が $\lambda_1/4$ となり，最短が $\lambda_2/4$ とする菱形の素子を用いることにより共振周波数を f_1, f_2 とすることが可能となる。素子を菱形ではなく円弧を描くようにしても同様である。また，下段に示すようなフォーク形状の素子を用い，それぞれの素子長を $\lambda_1/4$, $\lambda_2/4$, $\lambda_3/4$ とすることにより 3 共振となり，周波数 f_1, f_2, f_3 で整合が取れるようになる。この周波数間隔をある程度ずつ離して設計することにより，全体で広帯域特性を実現することが可能となる。しかしながら，この方法は素子がつながっているのでインピーダンスの調整が非常に難しい。

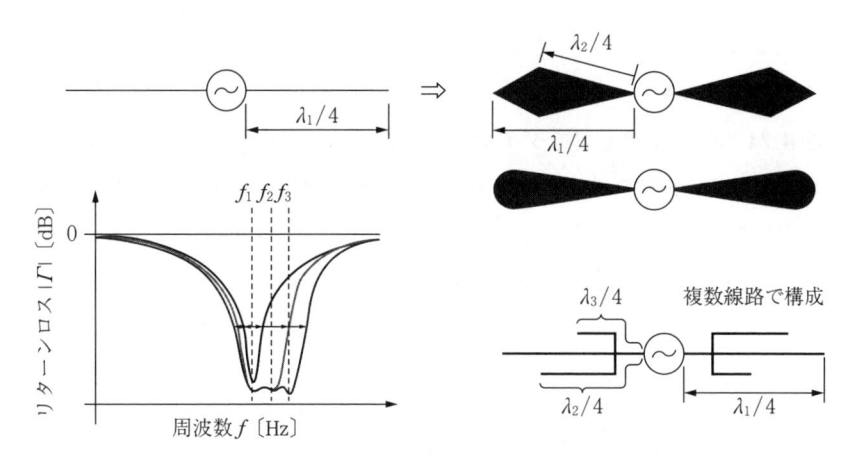

図 4.22 広帯域化手法

広帯域化と通信方向の観点から，図 **4.23** に示すような無給電素子を配置するアンテナが要求に適っている。**表 4.1** に基準となる自由空間用アンテナの諸量を示す。なお，アンテナインピーダンスは，先に述べたように IC と共役整

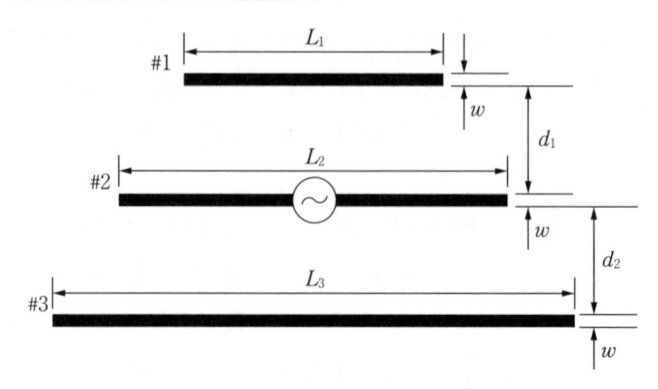

図 4.23 無給電素子付きダイポールアンテナ

表 4.1 自由空間用アンテナの諸量

素子長 L_1	29 mm	間隔 d_1	4 mm
素子長 L_2	43 mm	間隔 d_2	17 mm
素子長 L_3	53 mm	線幅 w	4 mm
比誘電率 ε_r	4.8	誘電体板厚	0.75 mm
誘電体板幅	57 mm	誘電体板高	37 mm

合を取るように設計するべきだが，ここでは一般的な特性インピーダンス 50 Ω に合わせてある[72]。

図 4.24 に無給電素子付きダイポールアンテナの自由空間内におけるリターンロスを示す。FDTD 法による計算値と測定値が良好に一致している。比較用に掲載している，同じ基板で設計したダイポールアンテナの比帯域（リターンロス：10 dB 以上）が 11.4% であるのに対して，無給電素子付きダイポールアンテナの比帯域は 34.7% であり，約 3 倍の帯域を実現している。無給電素子付きダイポールアンテナは使用した基板の厚さを薄くする，または比誘電率が低い基板を用いることにより，さらに広帯域化が可能となる。

無給電素子付きダイポールアンテナは誘電体に貼付すると，波長短縮効果により比誘電率が大きくなるにつれて，周波数特性は低い方向にシフトしていく。比誘電率 ε_r = 2.0 〜 5.0 を対象とする場合は，表 4.1 の各長さを 84% に縮小し，誘電体貼付用アンテナとして使用した。図 4.25 は，RFID タグを，大き

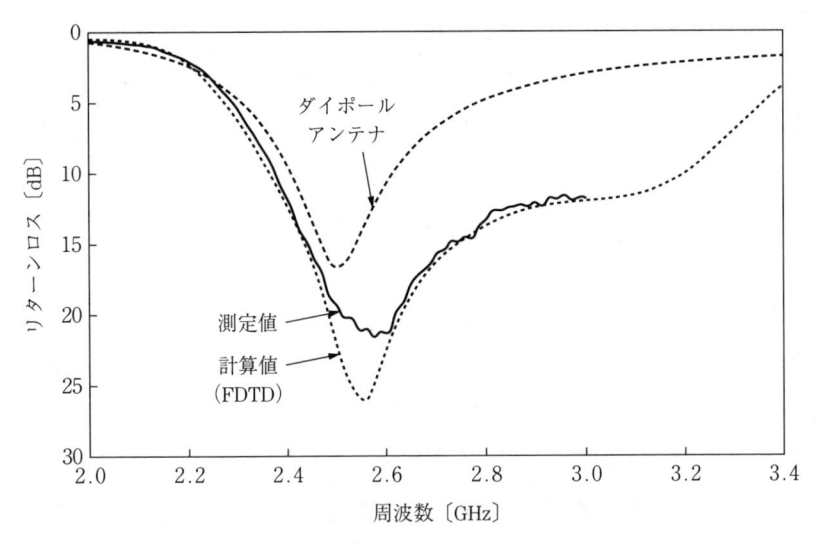

図 4.24 自由空間内のリターンロス

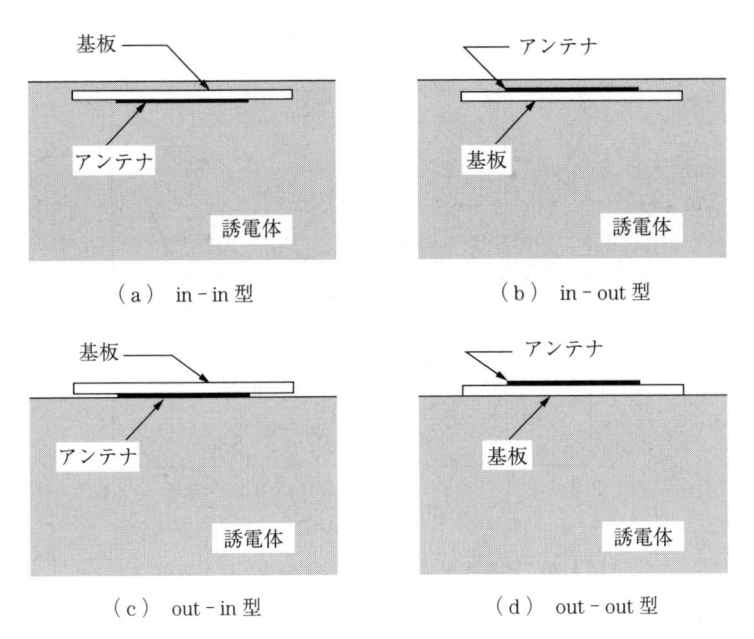

(a) in-in 型

(b) in-out 型

(c) out-in 型

(d) out-out 型

図 4.25 RFID タグの貼付方法

さと厚さが共に無限長の誘電体に貼付したモデルである。アンテナの位置は，RFIDタグが誘電体の内部（表面から2mm）にある場合，外部表面に貼付した場合，さらに各場合についてRFIDタグのアンテナ素子が誘電体の外側に面しICタグとしては外側を向いている場合と，基板が誘電体の外側に面しRFIDタグとしては内側に向いている場合の，計4通りを想定した。

無給電素子付きダイポールアンテナを比誘電率 $\varepsilon_r = 2.0$ の半無限大誘電体に貼付したときのリターンロスを図4.26に示す。この場合は，無給電素子付きダイポールアンテナ型のRFIDタグをどのような貼付方法の場合でも，周波数2.45 GHzで10 dB以上を満たしていることがわかる。しかし，RFIDタグの貼付方法により帯域幅が異なるので，実際にアンテナを誘電体に貼付させる場合には，この点を考慮に入れ，貼付向きなど決定する必要がある。また，比誘電率がさらに高い場合は，周波数が高いのと同じであり，リターンロス10 dB以上を満たしている。

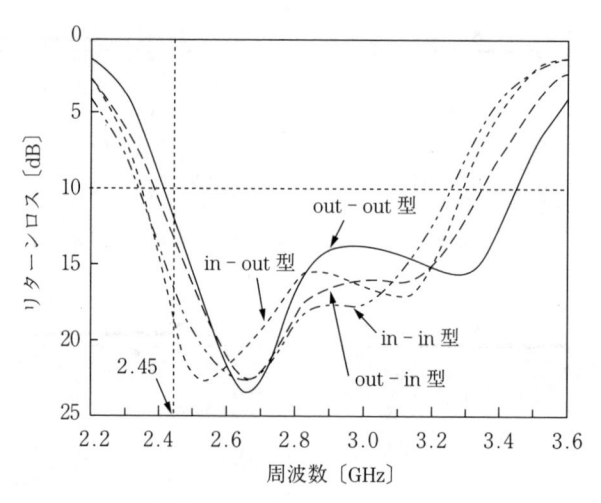

図 4.26 装着状況によるリターンロス（$\varepsilon_r = 2.0$）

なお，無給電素子付きダイポールアンテナ型のRFIDタグを有限長の誘電体に貼付した場合も，無限長の誘電体に貼付した場合と比べて，若干の違いは生じるがリターンロスが周波数2.45 GHzで10 dB以上という同様の結果になる

ことが確認されている[72]。

4.4 RFID タグ用アンテナの数値解析例

本節では，RFID タグ用アンテナの数値解析について検討を行う。RFID タグ用アンテナの解析には，モーメント法や有限要素法などの手法を用いることができるが，ここでは，最近よく使用され，市販のシミュレータも普及している **FDTD**（finite difference time domain）**法**を用いて解析している。有限要素法を用いたシミュレータでも，FDTD 法と同様の結果が得られる。2.45 GHz 帯の RFID タグ用アンテナを例に説明を行う。

FDTD 法はマクスウェルの方程式を差分化し，時間領域においてコンピュータで解く方法である。FDTD 法ではすべての波源，散乱体を囲む解析領域を取り，解析領域全体を微小な直方体（セル）に分割する。このセルに対してマクスウェルの方程式を差分化して適用し，定式化している。FDTD 法はこの定式化が比較的簡単で，損失媒質などの計算も他の方法に比べ簡単にできるというメリットがある。デメリットとしては，他の手法と比較してコンピュータのメモリや計算時間を多く消費するという点であるが，近年のコンピュータの急速な発展により以前よりも計算時間が大幅に短縮できるようになっている[73]。なお，開放領域を扱う場合は解析領域の外壁からの反射が起こらないように，仮想的な境界を設ける必要がある。これを**吸収境界**といい，その条件を**吸収境界条件**という。吸収境界条件には Mur，Higdon，PML などが提案されている。精度は良いが必要なメモリが増えるなど，それぞれ長所と短所がある。

4.4.1 アンテナの構造

実際に使われているパッシブ型 RFID タグ用アンテナの構造を**図 4.27** に示す。薄い PET シートの上にアルミニウムシートが貼付してある。アルミニウムシートには L 字型のスリットが入れてあり，このスリットの屈曲部に IC を装荷して RFID タグとして使用する。数値解析においては，スリットの屈曲部

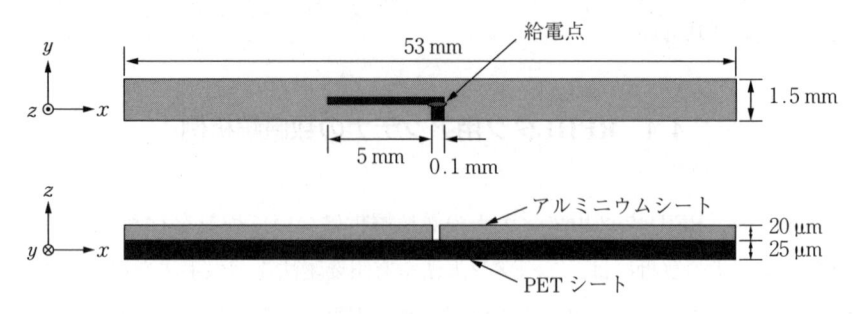

図4.27 アンテナの構造

で x 軸方向に給電を行っている。電気定数はアルミニウムシートの比誘電率を 1.0, 導電率を 3.76×10^7 S/m とし, PET シートの比誘電率を 3.1, 導電率を 0 S/m とした。

4.4.2 解析領域

図4.28 に解析領域を示す。解析領域は $640 \times 641 \times 440$ cell の自由空間内とし, その中心に RFID タグ用アンテナを配置している。セルサイズをすべて等間隔にすると, コンピュータの膨大なメモリと計算時間が必要になるため, ここでの解析では不等間隔セルを用いている。

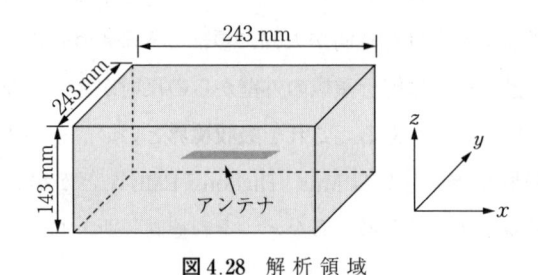

図4.28 解析領域

RFID タグ用アンテナを正確にモデル化する場合, セルサイズを PET シートおよびアルミニウムシートの厚さの 1/4 程度にすることが望まれる。これ以上大きなセルサイズで計算すると, 構造を正確に模擬したことにはならない。そこで, 最小セルサイズは $\Delta x = \Delta y = \Delta z = 5$ μm とし, 吸収境界に近づくにつ

れて徐々にセルサイズを大きくしていき，最大で $\Delta x = \Delta y = \Delta z = 0.5$ mm としている．また，タイムステップは $\Delta t = 9.53 \times 10^{-15}$ s とした．

給電は放射特性や電流分布などの単一周波数における特性を見る場合には 2.45 GHz の正弦波を入力とし，周波数特性を見る場合には正弦波で変調したガウシアンパルスを入力としてギャップ給電した．また，吸収境界条件には Mur の二次吸収境界条件を用いた．表 4.2 にアンテナの解析条件を示す．

表 4.2 アンテナの解析条件

解析領域	$640 \times 641 \times 440$ cell
セルサイズ	最小 $\Delta x = \Delta y = \Delta z = 5\ \mu\mathrm{m}$
	最大 $\Delta x = \Delta y = \Delta z = 0.5$ mm
給電方法	電界励振
入力波形	正弦波 2.45 GHz，
	正弦波で変調したガウシアンパルス
タイムステップ	9.53×10^{-15} s
タイムステップ数	214 082（5 周期）
吸収境界条件	二次の Mur

4.4.3 シミュレーション結果

〔1〕電界分布

ここでは，図 4.27 に示したアンテナの数値解析の結果を示す．図 4.29 は，給電点を含んだアンテナがある xy 面における電界分布である．また，見えにくいがアンテナ中央部に L 字形のスリットが入っており，そこが電界の最大値となっている．この給電点における電界の大きさで規格化している．

これより，RFID タグ用アンテナの両端で電界が強く，ダイポールアンテナによく似た分布になっている．また，電界分布はタグアンテナからの距離が離れるに従い，よく知られている 8 の字分布になっていくこともわかる．

〔2〕電流分布

電流分布を図 4.30 に示す．分布図は電流の最大値で規格化してある．全電流 $|J|$ と x 方向成分 $|J_x|$ の分布がほぼ同一となっているので，x 方向成分が支

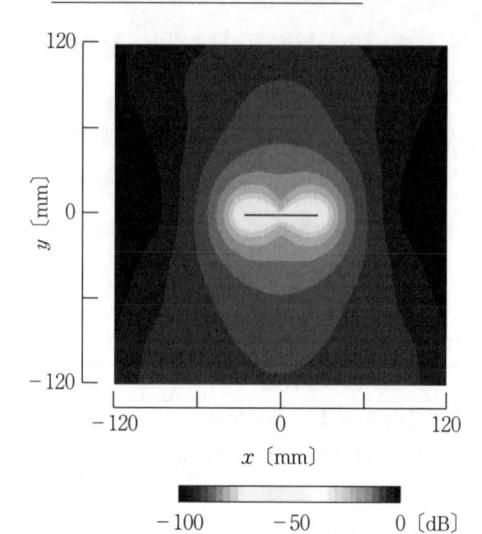

100　　4. UHF帯アンテナの設計

図 4.29 電界分布 $|E|$（口絵 3）

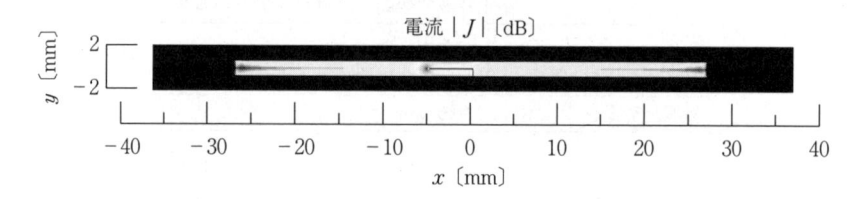

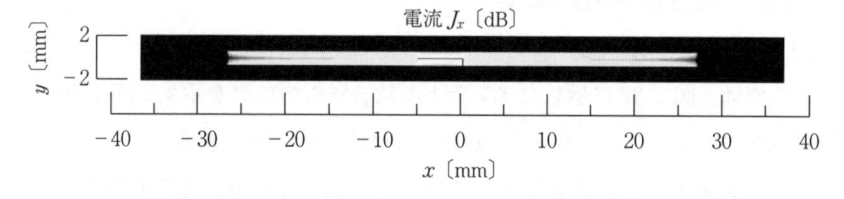

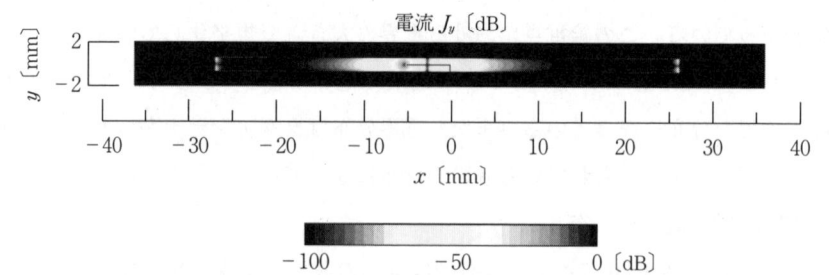

図 4.30 電流分布（口絵 4）

配的であることがわかる。また，x 方向成分 J_x はスリット付近を中心にアンテナ全体に分布しており，特に，y 方向の上下端に強く分布している。y 方向成分 J_y はスリットの端部に集中し，アンテナの端にはほとんど存在しないことがわかる。z 方向成分については，アンテナの導電体であるアルミニウムシートの厚さが 25 μm と非常に薄いため，電流はほとんど流れない。

〔3〕 入力インピーダンス

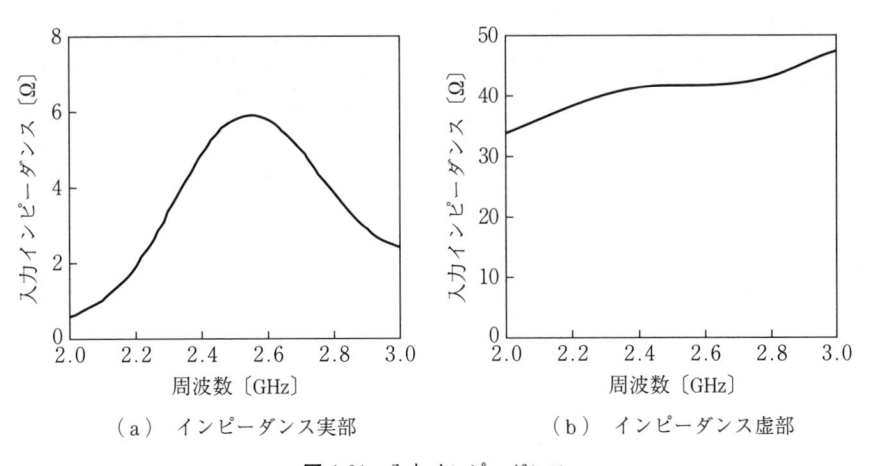

図 4.27 に示したアルミニウム導体に PET シートを添付したアンテナの入力インピーダンスを**図 4.31** に示す。効率よく電波を受信または放射するためには，アンテナと IC との間で整合をとり，反射をなくす必要がある。本アンテナに使用する IC の出力インピーダンスが $7-j50$〔Ω〕であるので，アンテナの入力インピーダンスはこの共役複素数である $7+j50$〔Ω〕とすればよい。図(a)より入力インピーダンスの実部は 2.55 GHz 付近の 5.9 Ω をピークとしているため，目標の 7 Ω と比較すると少し低い値となっている。図(b)より入力インピーダンスの虚部は 3 GHz 付近で目標値である 50 Ω となっている。また，動作周波数である 2.45 GHz での入力インピーダンスは $5.4+j41$〔Ω〕である。

(a) インピーダンス実部　　(b) インピーダンス虚部

図 4.31　入力インピーダンス

4. UHF帯アンテナの設計

〔4〕放 射 特 性

図 4.32 に計算による放射特性を示す。放射の主成分となる xz 面では E_θ 成分を，xy 面，yz 面では E_ϕ 成分を示している。

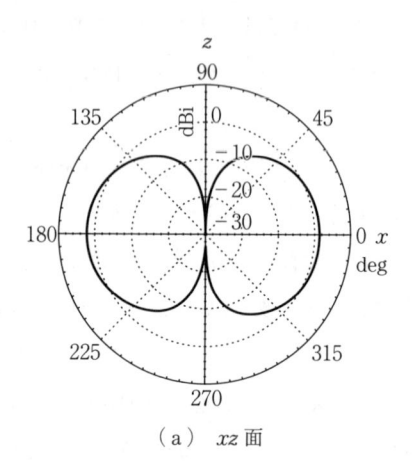

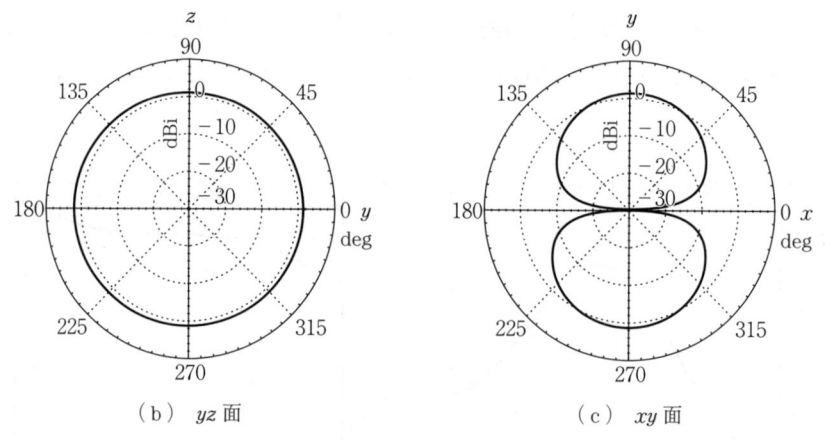

（a） xz 面

（b） yz 面

（c） xy 面

図 4.32 放 射 特 性

xz 面，xy 面では 8 の字の放射パターンとなり，yz 面では円形放射パターンである。最大利得は 2.2 dBi である。このように，指向性もダイポールアンテナとよく似た特性となっている。

〔5〕 モデルの簡易化

アルミニウム（aluminum）にPETシートを添付した本アンテナの解析では，アンテナの厚さも考慮し，最小セルサイズを5 μmとして計算を行っている．本来，放射特性の計算にはここまで微小なセルサイズは必要としないが，ここではインピーダンスを正確に検討するため，最小セルサイズ5 μmを用いた．そのため，解析にはメモリサイズが多く必要であり，計算時間がきわめて長くなる．しかしながら，アンテナの厚さや材質を無視し，完全電気導体でモデル化して解析を行うことができれば，最小セルサイズを25 μm程度まで大きくできる．その結果，計算時間の大幅な短縮が可能となり，PCなどのシミュレータでも解析できるようになる．

アルミニウムを完全電気導体（PEC）に置き換え，素子厚を考慮せず，PETシートがない図4.33に示す簡易モデルの検討を行った．このモデルでも数値解析を行った．

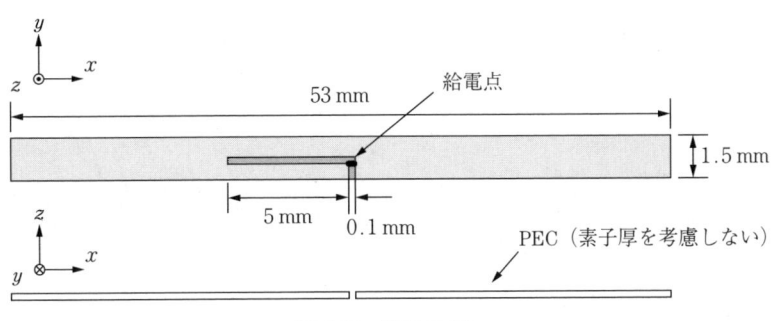

図4.33 簡易モデル

図4.34にインピーダンスの計算値（PEC）を示す．比較のために，図4.31で示した正確にモデル化したアルミニウムモデルの計算結果も合わせて示してある．正確にモデル化した場合と完全電気導体でモデル化した場合を比較すると数値に数Ωの差はあるが，傾向は同じであることがわかる．したがって，完全電気導体を用い，PETシートを考慮していないモデルを用いた数値解析でも，十分に設計可能であることがわかる．

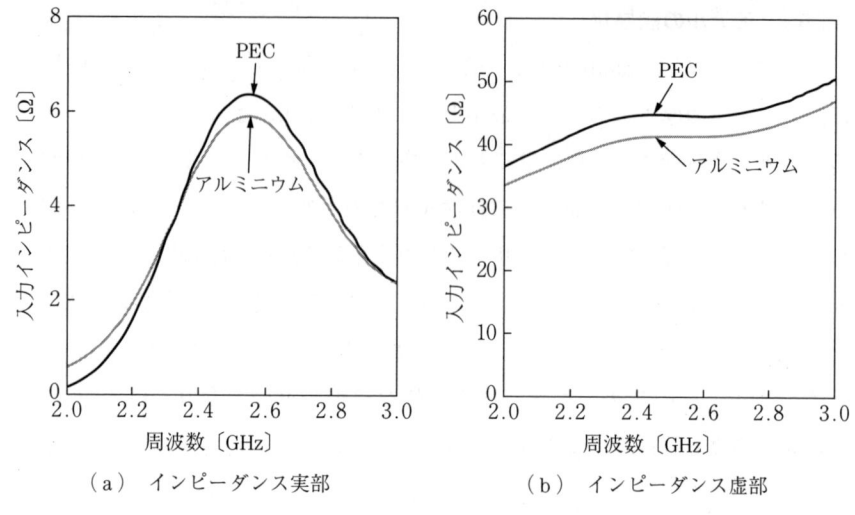

図 4.34 入力インピーダンス

なお，高誘電率な材質や磁性体に貼付する場合は，もちろんこのかぎりではない。

5. RFID タグ用アンテナの測定

　前章まで，RFID タグの設計・解析について述べてきた。実際に製作したRFID タグについては，特性を実測により評価する必要がある。ここでは，RFID タグの電気的特性を測定する方法を示す。

　例えば，R/W と RFID タグ間の実際の通信を使って，通信可能距離や角度範囲を測定する方法がある。しかし，この方法では必要な通信距離が実現できないなど問題が生じた場合でも，IC とのミスマッチングが原因なのか，アンテナ自体の共振周波数がずれているからなのかというように，R/W と RFID タグのどちらに原因があるかがわからない。それゆえ，アンテナ素子長を長くするべきか，それとも短くすべきかといった対処方法がまったくの藪の中である。

　このように，RFID タグの電気的特性を知るためには，タグに使用する IC のインピーダンスやアンテナのインピーダンス測定，放射指向性測定などが必要であり，これらの測定を正確に行うことが，対処方法の解明や性能の向上に非常に重要である。

5.1　インピーダンス測定

　パッシブ型の RFID タグは，R/W からの電波を電力に変換して IC に供給する。そのため，IC とアンテナのインピーダンスを正確に把握することが非常に重要となる。RFID タグを実際に使用する場合には，アンテナ給電点に IC を載せるが，アンテナの入力特性や放射指向性などを測定するには測定機器に接続する必要がある。最近では，E/O（電気‐光），O/E（光‐電気）変換によ

り，光ファイバを使用して，電気的な干渉を受けないで測定することもできるようになってきている[74]。しかし，RFIDタグ用アンテナの測定で使用できるような，小形で高感度の変換機器はまだ開発段階である。そのため測定には，アンテナの給電部に同軸ケーブルを接続する必要がある。ここで，図5.1に示すように，同軸ケーブルは不平衡線路であるため，外導体に漏れ電流が流れると正確な測定ができない。また，一般に測定に使用されているネットワークアナライザは50Ω系で構成されているため，数Ω程度のアンテナを測定するには，漏れ電流の影響などを排除して測定する必要がある。しかも，RFIDタグを測定器で測定するには，タグ用アンテナに同軸ケーブルを接続して測定する必要があるため，測定して得られたインピーダンスが，真のアンテナのインピーダンスとずれが生じてしまう。そこで，観測したい参照面に合わせて位相差（**エレクトリカルディレー**）を補正するのはもちろんのこと，場合によってはコネクタなどの影響を取り除くためにタイムゲート機能を利用して，不要な反射などを取り除く処理を行い，観測したいデータを取る必要がある。

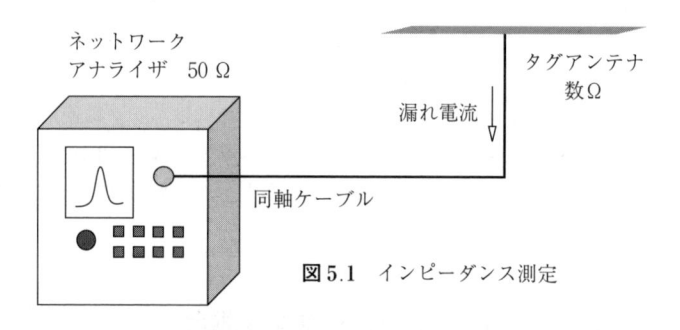

図5.1 インピーダンス測定

5.1.1 ICのインピーダンス

パッシブ型RFIDタグ用アンテナの設計に当たって，最も重要なことは使用するICのインピーダンスを知ることである。ICは製造ロットにより，そのインピーダンスにばらつきが生じている。図5.2に示すように，RFIDタグに実装されているICは1mm以下の非常に小さなものであるため，図5.3に示すような特殊なプローブを用いて測定を行う[75]。このプローブは，図5.4に示す

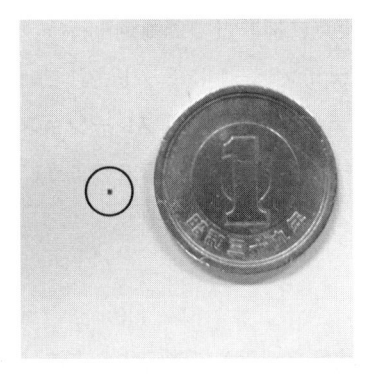

図 5.2 ICチップ（円内）と 1 円玉

図 5.3 IC の測定風景

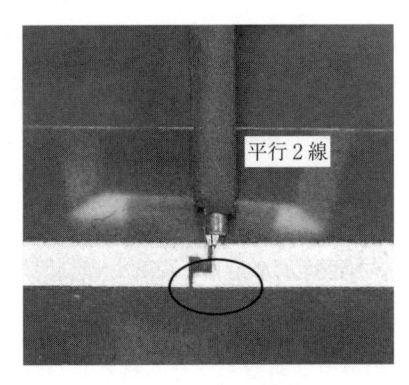

図 5.4 プローブ先端

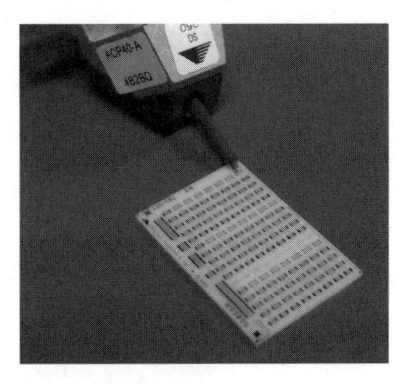

図 5.5 プローブのキャリブレーション

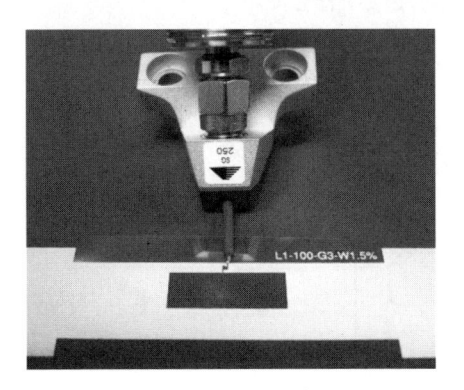

図 5.6 タグアンテナのインピーダンス測定

ように先端が平行2線になっており，ICの接点に押し当てて測定を行う。測定に関しては，図5.5のようにキャリブレーションシートにセットされているOpen, Short, Load を用いて，ネットワークアナライザの**キャリブレーション**を行ってから測定を行う必要がある。このプローブを用いて，図5.6のようにタグアンテナのインピーダンス測定も可能である。

5.1.2 鏡 像 法

RFIDタグは対称構造のものが多いので，鏡像を利用して測定する方法（**鏡像法**）が有効である。ダイポールアンテナのような平衡系アンテナであっても，バランなどを使用することなく，直接不平衡系の同軸ケーブルを接続することができる。また，鏡像に用いる金属反射板の下に給電線や測定器などが遮蔽されているので，ケーブルや測定器などの環境の影響もほとんど無視できるというメリットがある[76]。

ここでは，図4.23に示したRFIDタグのインピーダンスを，実際に測定した例を示す。図5.7に示すように対称軸での半分のモデルを作り，36 cm×36 cmの銅板の中心部にハンダ付けをし，銅板の反対側から同軸給電を行っている。試作したアンテナは，厚さ0.75 mmのガラスエポキシを基材とした銅のプリント基板を削り出して製作している。

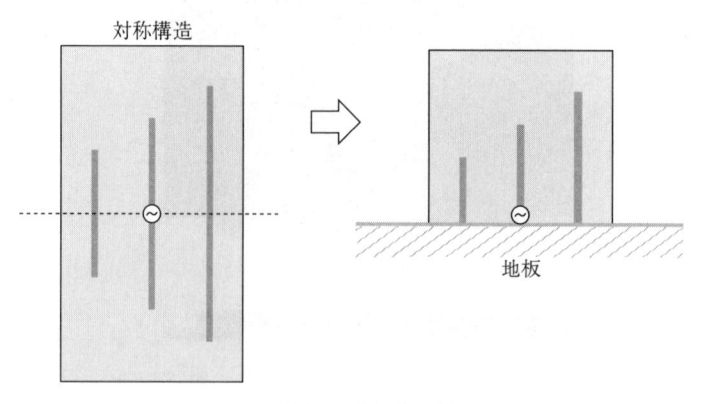

図5.7　鏡　像　法

5.1 インピーダンス測定

鏡像を用いた測定の場合は，図5.8のように，アンテナの全長が半分になるので，ネットワークアナライザで測定したインピーダンスの値 Z_i は，実際のインピーダンス値 Z_r の1/2の値として計測される。そのため，ネットワークアナライザでは，直接リターンロスは測定できない。測定したインピーダンス値 Z_i を2倍し，リターンロスに変換するという手順を踏む必要がある。

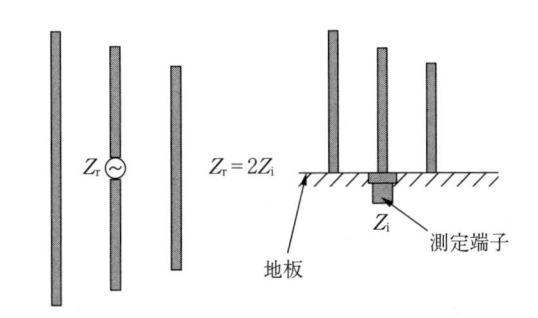

（a）3素子八木アンテナ　　（b）モノポール八木アレー

図5.8　鏡像法によるインピーダンス

図5.9にリターンロスを測定した結果（図4.24）を再掲する。FDTD法による計算値と測定値が良好に一致している。

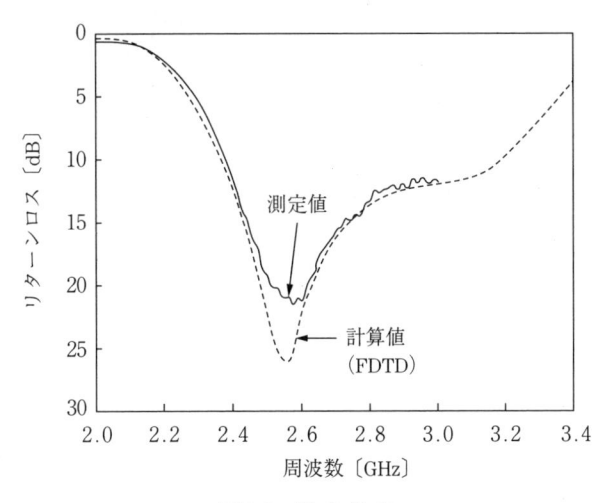

図5.9　測定結果

5.1.3 バランを用いた方法

5.1.2の鏡像法で示した方法は，対称なアンテナの場合は有効である．しかし，卍字形など非対称なアンテナの場合や，放射指向性を測定する場合には適しておらず，鏡像法で用いた半分の構造を用いず，実際のアンテナで測定を行う必要がある．

測定系との接続を考慮すると，RFIDタグ用アンテナに同軸ケーブルによる給電を行いたいが，同軸ケーブルは不平衡線路であるため，ダイポールアンテナのような平衡系のアンテナの場合，同軸ケーブルの外導体に電流が流れ，正確な測定ができない．そこで，外導体へ流れる電流を抑圧するためバランを挿入する必要がある．

バランにはさまざまな形式のものがあるが，ここでは，RFIDタグのアンテナへの影響が少ない**阻止套管**（sperrtopf）と呼ばれる**バラン**（balun）を用いた例を**図5.10**に示す．同軸ケーブルの先端に1/4波長の長さの管（バラン）を被せ，下端を同軸ケーブルの外導体に接続した形式のものである[76), 77)]．

図5.10 バラン付きダイポールアンテナ

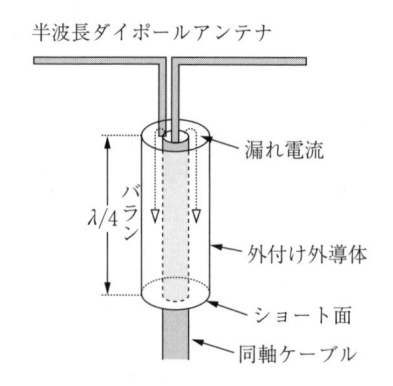

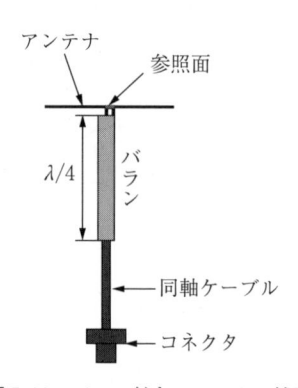

図5.11 バラン付きアンテナの補正

測定においては，まず，オープン，ロードの校正は同軸ケーブルの先端で行い，**図5.11**に示したバランとアンテナとの接合部を参照面（reference）として，金属板などでショートをすることで参照面のみを補正する方法でネットワークアナライザの校正を行う．これにより，外導体に流れる漏れ電流を低減

5.1 インピーダンス測定　111

でき，正確な測定が可能となる。

　この方法で測定したアンテナの寸法などを図 5.12，写真を図 5.13 に示す。

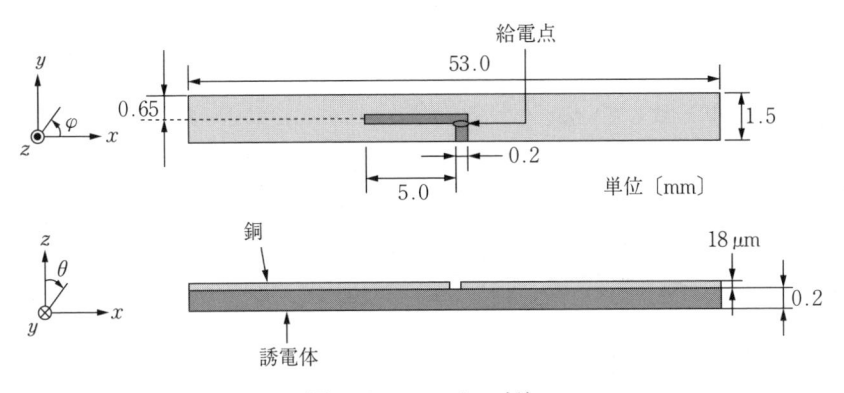

図 5.12　アンテナの寸法

（a）アンテナ素子

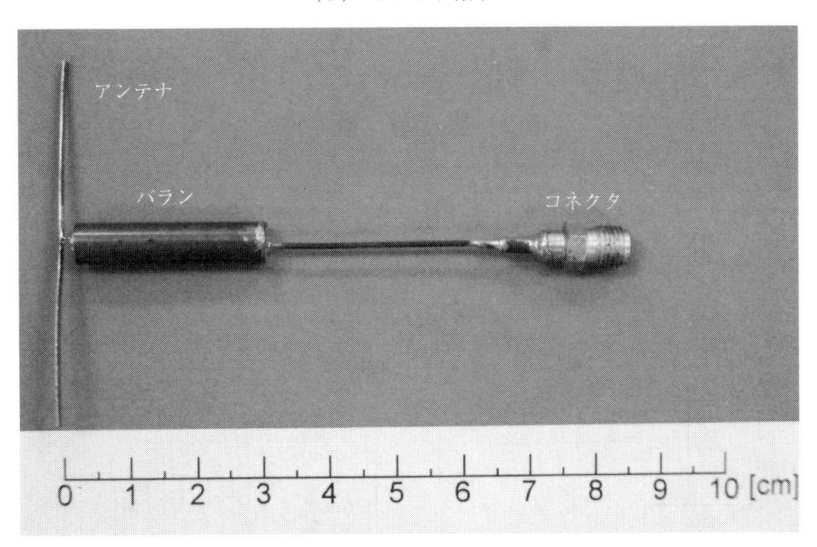

（b）側　面

図 5.13　測定したアンテナ

4章で示したダイポール型のプリントアンテナ（$\varepsilon_r = 4.7$）に整合用のスリットが入ったエレメントを使用している。図5.13（a）のエレメントをバランに接続して測定を行った（図（b））。

測定した入力インピーダンスを**図5.14**に示す。FDTD法による計算値と測定値が良好に一致している。

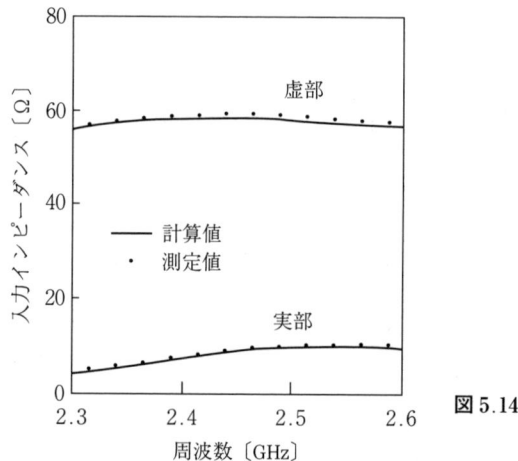

図5.14 アンテナの入力インピーダンス

5.2 放射特性

アンテナの受信感度もしくは送信感度を表す指標として，2.2.3で扱った放射指向性がある。放射指向性は角度特性を示しており，**図5.15**に示す構成で

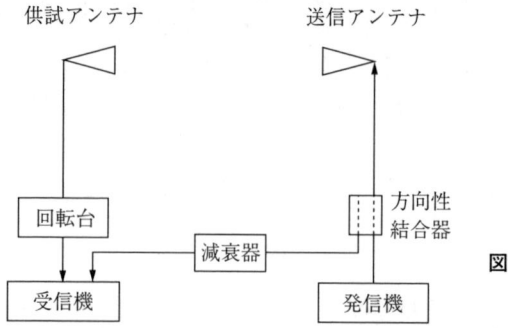

図5.15 放射指向性の測定

5.2 放射特性

測定を行う．

供試アンテナとしては，測定をしたいタグ用アンテナや R/W のアンテナを用い，送信アンテナには，ダイポールアンテナやマイクロストリップアンテナを用いるのが一般的である．供試アンテナの偏波に合わせて，送信アンテナの偏波を選択する必要がある．発信機からの信号を方向性結合器および減衰器（ATT）を介して受信機に接続しているのは，発信機の出力の変動を補正するためである．

インピーダンス測定と同様に，放射指向性についても，給電方法の問題，漏れ電流による放射の問題がある．特に，給電ケーブルに流れる漏れ電流は放射指向性に大きな影響を与えるため，バランなどを用いて漏れ電流を抑圧する必要がある．

さらに，給電ケーブルの引き回し，特にアンテナ近くのケーブルの扱いについては注意する必要がある．アンテナから放射された電波の偏波とケーブルの向きがそろうことにより，ケーブルに不要電流が流れて放射特性が不正確にならないように，測定面に応じてケーブルの引回しを変えるなどの工夫が必要である．

また，RFID タグのようにアンテナが $50\,\Omega$ 系ではない場合，測定器との不整合損（リターンロス）によりアンテナ利得の正確な測定が行えない．そのため，事前に測定しておいたリターンロスを用いて，測定した放射特性の補正を行う必要がある．

図 5.10 に示したバランを使用して，図 5.13 のアンテナの放射特性を測定した例を**図 5.16** に示す．計算値と測定値が良好に一致している．2.45 GHz 帯の RFID タグは，一般的に半波長ダイポールアンテナとよく似た特性のものが多い．本アンテナも同様に，xy 面，xz 面では 8 の字の放射指向性となり，yz 面では円形の放射指向性となっている．

最大利得は計算値で 2.3 dBi，測定値で 1.7 dBi である．この値の差異は，先の不整合損による影響と考えられる．測定したいアンテナが，測定機器の特性インピーダンスの $50\,\Omega$ と大きく異なり不整合損が大きい場合は，測定誤差

(a) xz 面

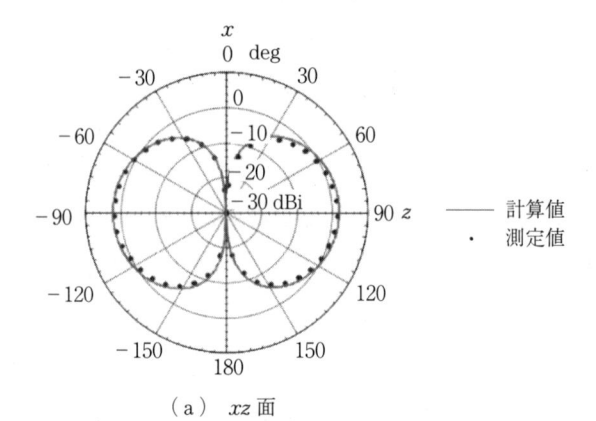

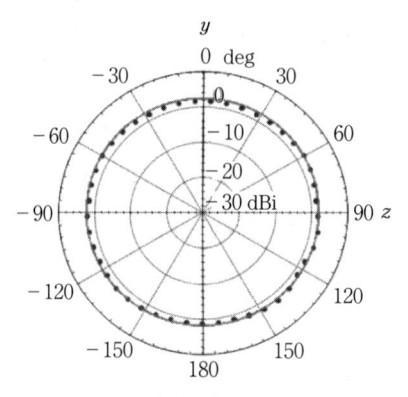

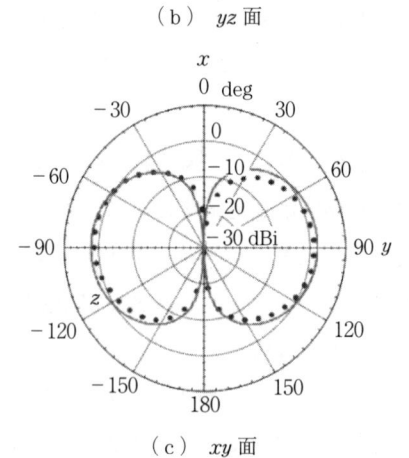

(b) yz 面

(c) xy 面

図 5.16 放 射 特 性

が大きくなる.

図 5.17 に実際の R/W を使用した通信距離の測定例を示す. ここではタグとして図 4.19 を用いた 950 MHz 帯の測定を行っている. R/W のアンテナ部は実際のアンテナはカバー内にあるため, カバー表面からの距離を測定することになる. R/W のアンテナは, 直線偏波か円偏波のアンテナのどちらかを使用しているため, 放射指向性と同様に, 偏波を考慮して R/W とタグをセッティングする必要がある. 最終的な性能評価に用いられる.

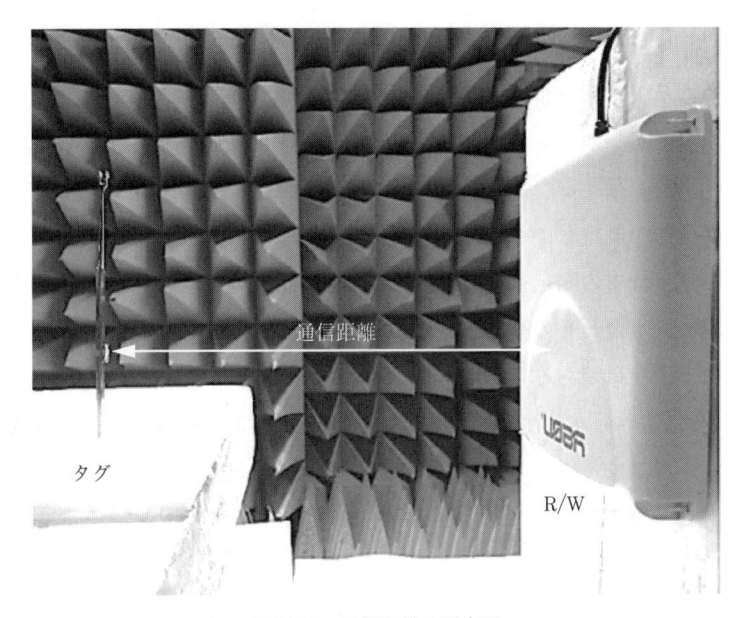

図 5.17 通信距離の測定例

5.3 磁界分布の測定

電磁誘導方式の R/W から出ている放射磁界の分布を測定することによって, 図 5.18 のように RFID タグの動作可能エリアを把握することができる. また, アンテナの設計では, アンテナ導体に流れる電流分布を把握することで, インピーダンスや放射特性の劣化の原因がわかる. この意味で, 電流分布

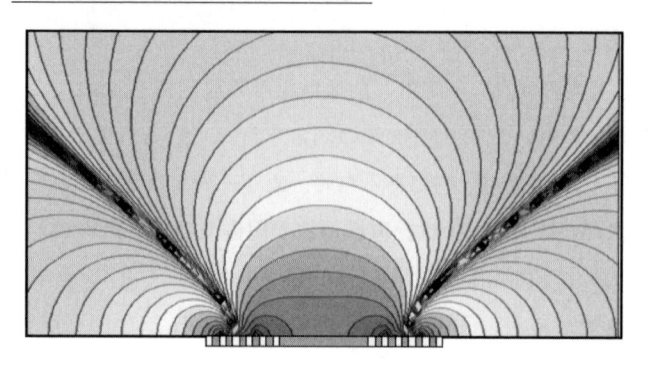

図 5.18 R/W（13.56 MHz）の磁界分布

が重要である．電流分布は，数値解析を行うことで簡単に知ることが可能である．しかし，実際のアンテナにおいては，電流分布を直接測定することは，アンテナへ影響を与えるなど問題がある．そのため，電流分布を推測する手段として磁界分布の測定がよく行われる．

なお，電界分布の測定も可能であるが，被測定アンテナとの結合や，所望以外の電界成分も合わせて測定してしまうなどの問題があるため，磁界分布を測定するほうが簡単である．

図 5.19 に磁界分布の測定系を示す．アンテナへの給電は，マイクロ波発振器を用いバランを介して行っている．磁界検出部は**図 5.20** に示すような**シールデッドループアンテナ**（shielded loop antenna）を用い，スペクトラムアナライザで測定を行う[78]．図は，マイクロ波発振器，スペクトラムアナライザの組合せとなっているが，ネットワークアナライザの S21 測定でも同様に行うことができる．図 5.19（b）のように，シールデッドループアンテナの向きを変えることにより，磁界の各成分を測定できる．

シールデッドループアンテナのループを鎖交する磁界を検出することになるため，分解能を上げるにはループ径を小さくすればよい．しかし，同時に鎖交磁界が減少するので測定レベルが低下するため，測定器のノイズレベルを十分に上回る必要がある．図 5.20 に示したシールデッドループアンテナは，ループ径が 5 mm となっている．

5.3 磁界分布の測定

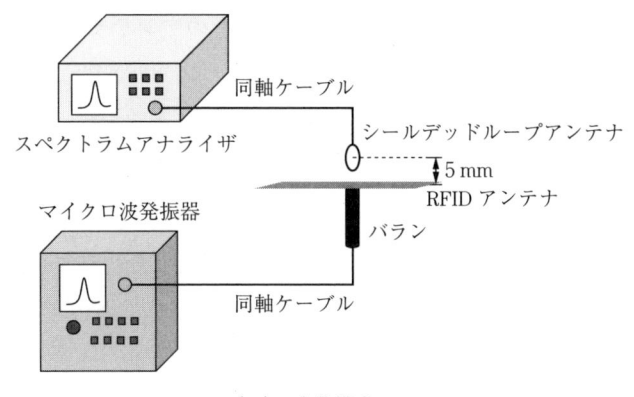

(a) 全体構成

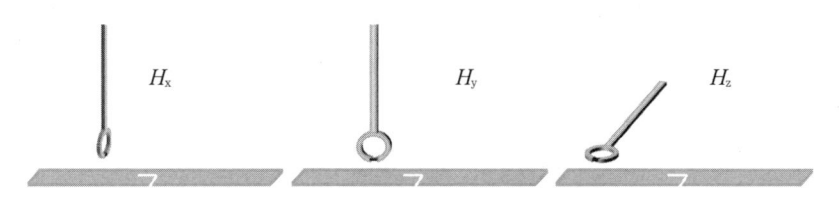

(b) シールデッドループアンテナの向き

図 5.19　磁界分布の測定系

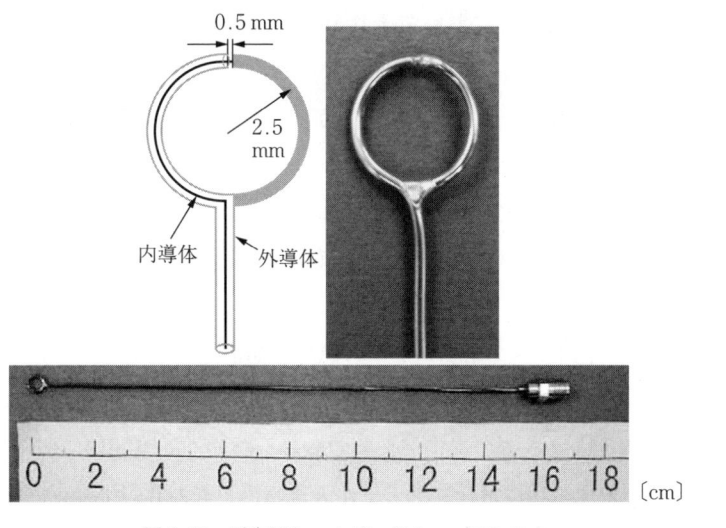

図 5.20　測定用シールデッドループアンテナ

測定例として，図5.13に示した2.45 GHz帯のアンテナの測定について示す．図5.10に示したバランを用いて給電し，アンテナが真直ぐな状態で測定するために，発泡スチロールにアンテナを貼付して測定を行っている．測定座標を**図5.21**に示す．測定は，シールデッドループアンテナのループ中心をRFIDタグ用アンテナからz軸方向へ5 mmだけ離し，ループがタグ用アンテナの中心を通るようにx軸方向へ2 mm間隔で走査した．シールデッドループアンテナの向きを変えて，各点における磁界のx, y, z成分の大きさをそれぞれ測定した．

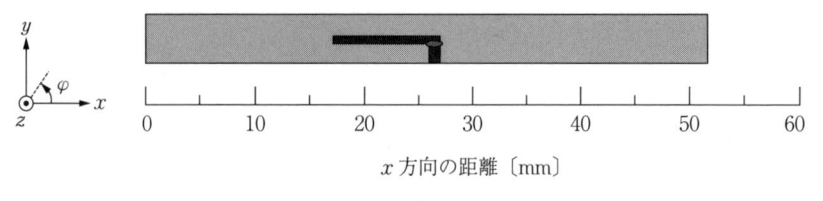

図5.21 測 定 座 標

磁界分布の測定結果を**図5.22**に示す．磁界分布はFDTD法による計算値，測定値ともに主成分となるy方向成分における最大値でそれぞれ規格化した．図よりx, y, z方向成分においてそれぞれの計算値と測定値の傾向がほぼ一致していることがわかる．x, z方向成分において，アンテナの端部での測定値が計算値よりも大きな値となっているが，これはノイズレベルによる測定限界である．

また，シールデッドループアンテナのループ径が5 mmとなっているため，測定分解能が高くなく，ヌル点（急激に値が落ち込む点）がうまく測定できていない．

このように，RFIDタグ用アンテナの磁界分布測定は，アンテナが小形なので測定レベルと分解能のトレードオフとなるため，測定に応じたシールデッドループアンテナの大きさの選定が必要である．なお，R/W用アンテナからの放射磁界を測定する場合は，アンテナが大きいこともあり，より正確な測定が可能である．

5.3 磁界分布の測定

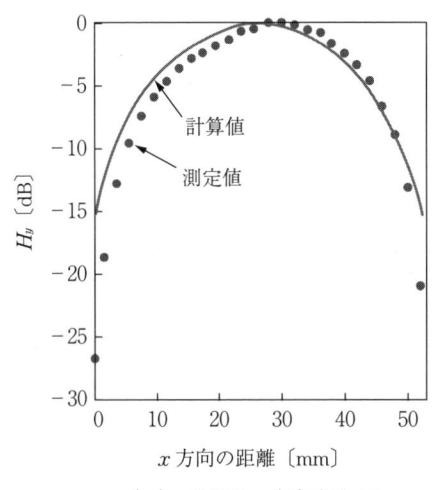

(a) 磁界の y 方向成分 H_y

(b) 磁界の x 方向成分 H_x

(c) 磁界の z 方向成分 H_z

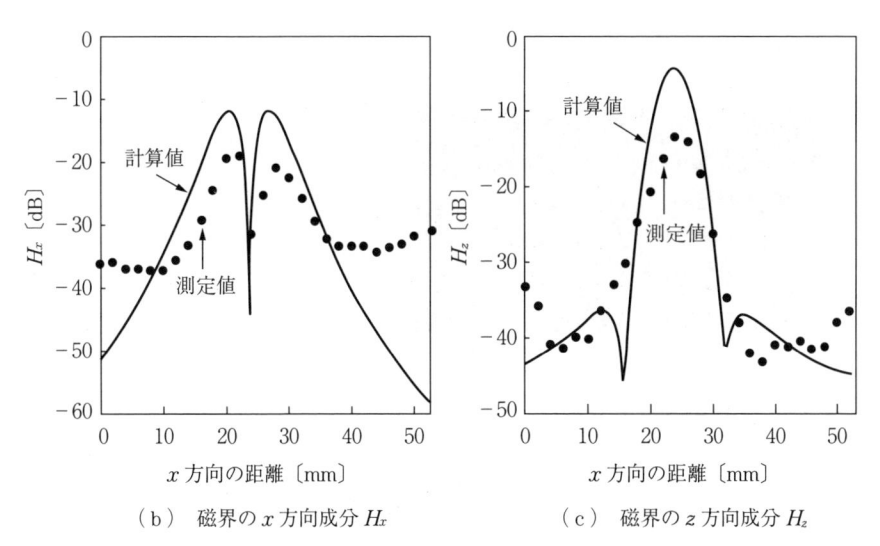

図 5.22 磁界分布

5.4 人体を考慮した測定

RFIDタグは，入退出管理に利用されている。例えば，工事現場や原子力・放射線施設などでは，ヘルメットや胸のネームタグなどにRFIDタグを貼付しておくことで，セキュリティや労務管理を兼ねた入退出管理を行ったり，病院では入院患者の識別のために，RFIDタグを手首に巻いたりするケースなどがある。いずれの場合でも，RFIDタグは頭部，胸あるいは手の近くで用いられるため，人体への影響を無視することはできない。そのため，このような環境で使用するRFIDタグは，人体への影響を考慮した設計をする必要がある。

図5.23に示すようにRFIDタグをリストバンドとして人体に貼付した場合を例に測定方法について述べる[79]。リストバンドとして用いると，人体のごく近傍で使用することになるので，人体の電気定数によって，タグに使用されているアンテナの特性が大幅に変わる。そのため，タグ用アンテナの特性解析・測定が重要となる。

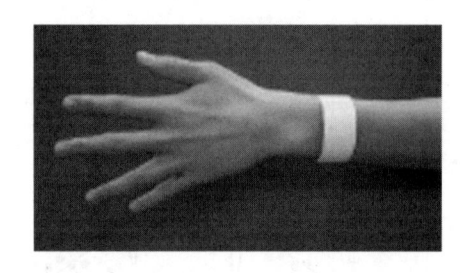

図 5.23 リストバンド型 RFID タグ

5.4.1 人体等価ファントム

人体は筋肉，骨，脂肪などのさまざまな媒質から構成されており，構造が複雑である。そのため，このままでは測定・解析ともに難しい。そこで，人体の筋肉組織の平均的な電気定数（Gabrielらの実験[80]）に2/3を乗じた均一媒質，"2/3筋肉等価媒質"が一般的に使われている。2.45 GHzにおいて，2/3筋肉等価媒質の電気定数は，$\varepsilon_r = 35.15$，$\sigma = 1.16 \, \text{S/m}$ である[81]。

携帯電話の SAR（specific absorption rate）測定においては，液体の**人体等価ファントム**が使用されている．しかし，この検討のように，被測定アンテナが人体の極近傍にある場合は，液体ファントムに使用されているシェル（容器）があるために，物理的に被測定アンテナをファントムの近傍に設置することができない．そればかりか，人体の誘電率に比べて，シェルの誘電率が非常に小さいため，シェルそのものの電気的影響が無視できない．特に，アンテナインピーダンスの測定では，まったく異なる結果になってしまう．そのため，シェルがない固体ファントムを使用するほうが望ましい．

ここでは，千葉大学が開発したポリエチレンを主体とした固体の人体等価ファントムを用いている[81]．このファントムはシェルが必要ないだけではなく，自立させることもできるため，放射指向性の測定などに有利である．測定に用いたファントムの組成を**表**5.1 に示す．

表5.1 測定に用いたファントムの組成

材　料	質　量〔g〕
脱イオン水	1 561.2
寒　天	48.3
ポリエチレン粉末	463.8
食　塩	7.2
TX-151	14.1
デヒドロ酢酸ナトリウム	0.9

図5.24 に製作したファントムの電気定数の測定結果を示す．ファントムの電気定数測定には Hewlett Packard 社（現 Agilent Technologies 社）製の HP 8570 E 誘電率プローブキットを用いた．2.45 GHz におけるファントムの電気定数の測定値は，比誘電率 $\varepsilon_r = 34.27$，導電率 $\sigma = 1.04$ S/m であり，目標値と比較して誤差が 10 % 以内となっており，放射パターンなどの測定に大きな影響はない．

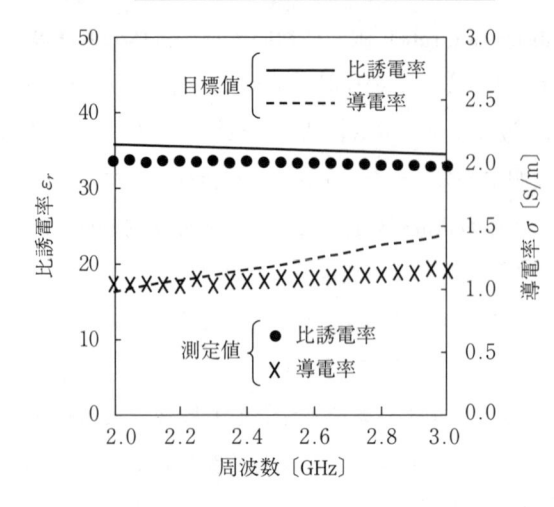

図 5.24 2/3筋肉等価ファントムの電気定数

5.4.2 数値解析モデル

本節で扱っているリストバンド型 RFID タグの FDTD 解析モデルについて述べる。図 5.25 に数値解析で用いた腕モデルを示す。腕の大きさは 450×50×50 mm^3 とした[82]。このアンテナの動作周波数である 2.45 GHz における電気定数は比誘電率 ε_r = 35.15,導電率 σ = 1.16 S/m である。

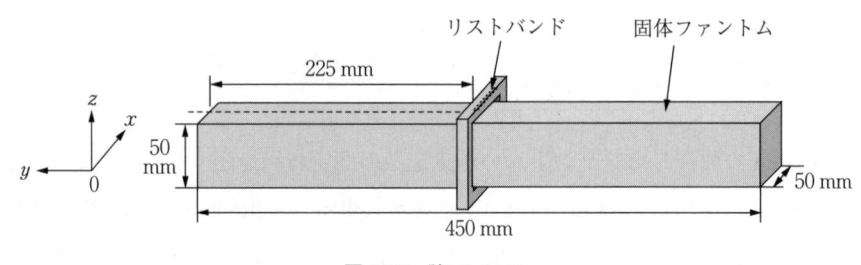

図 5.25 腕モデル

リストバンドのモデルを図 5.26 に示す。リストバンドの材質はシリコンゴムとし,その電気定数は測定値から比誘電率 ε_r = 3.02,誘電正接 $\tan\delta$ = 1.41 ×10^{-2} とした。リストバンドの厚さは 3 mm とし,腕に密着するようにリング内の寸法は 50×50 mm^2 とした。このリストバンドの厚さの中央部分となる深さ 1.5 mm の位置へアンテナを埋め込んである。また,誘電体中ではアンテナ

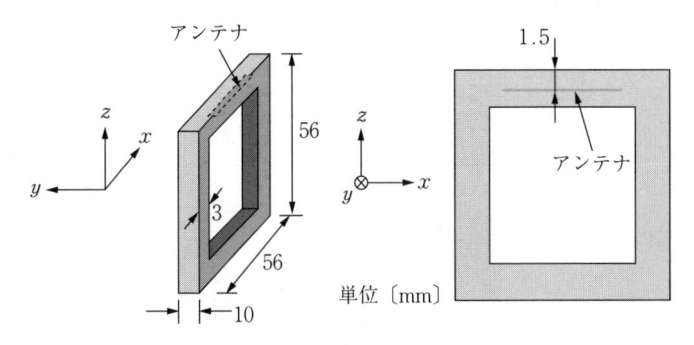

図 5.26 リストバンド型 RFID タグモデル

の共振周波数が自由空間中と比べて変化するため，アンテナ全体の長さを変更し共振周波数の調整も行っている．アンテナは完全電気導体としてモデル化し，腕の中央に配置している．不均一セルを用い，セルサイズは給電点付近で最小の 25 μm とし，給電点を離れるにつれて徐々に大きくして，最大で 1 mm とした．解析領域は $581 \times 245 \times 245$ mm^3 とした．**表 5.2** に解析条件をまとめて示す．

表 5.2 アンテナの解析条件

解析領域	$581 \times 245 \times 245$ mm^3
セルサイズ	最小 $\Delta x = \Delta y = \Delta z = 25$ μm，最大 $\Delta x = \Delta y = \Delta z = 1$ mm
給電方法	電界励振
入力波形	2.45 GHz 正弦波およびガウシアンパルス
タイムステップ	$4.766\,44 \times 10^{-14}$
タイムステップ数	85 633（10 周期）
吸収境界条件	8 層の PML

5.4.3 リストバンド型 RFID タグの測定

アンテナへの給電は，自由空間中での測定と同じくバランを装荷した同軸ケーブルを用いた．バランおよび同軸ケーブルによる放射特性への影響をできるだけ小さくするため，**図 5.27** に示すように損失媒質であるファントムの中へ同軸ケーブルを通して給電を行っている．**図 5.28** に測定に使用するアンテナを埋め込んだリストバンドおよび固体ファントムを示す．リストバンドは液

124   5. RFIDタグ用アンテナの測定

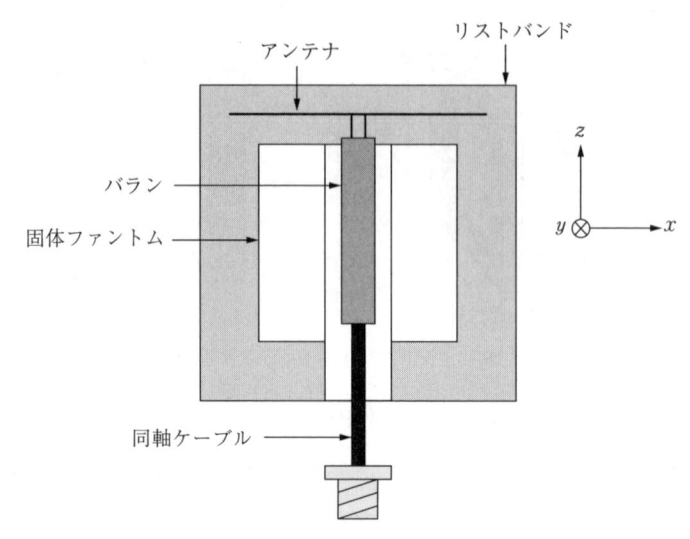

図5.27 リストバンドを固体ファントムに装着した場合の給電方法

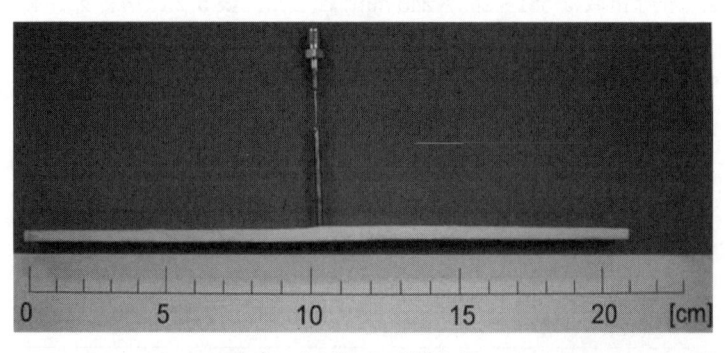

(a) リストバンド型タグ

(b) 給電用の孔を空けた固体ファントムの外観

図5.28 測定モデル

5.4 人体を考慮した測定

体状のシリコンゴムの原液を直線状の型に流し込んで製作している．固体ファントムはアンテナを配置する中央部分に直径 10 mm の孔を空けている．

図 5.29 にリストバンドとして使用したときのアンテナの入力インピーダンスを示す．シリコンにアンテナを挿入しているため，アンテナの長さ L を 34 mm に調整してある．測定値と計算値では傾向が一致していることがわかる．また，虚部は良好に一致しているが，実部では数 Ω 程度の差が生じている．2.45 GHz におけるインピーダンスの測定値は，$10.4+j52.5$〔Ω〕となっており，使用する IC チップとの整合が取れている．

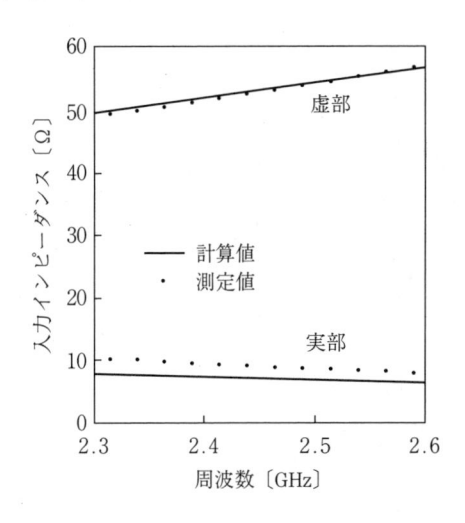

図 5.29 リストバンド型タグの入力インピーダンス

図 5.30 に xy, xz, yz 面における放射特性を示す．また，**図 5.31** に測定の様子を示す．ファントムの固定には発泡スチロールを用いている．最大利得は計算値で -8.3 dBi，測定値で -8.2 dBi となっている．一般の RFID タグの場合，自由空間内における最大利得は数値解析で 2.3 dBi である．これに対して，リストバンド型タグの場合は，10 dB 程度の低下がみられる．これは人体による電磁波吸収が最大の原因である．また，人体に電磁波が吸収されているため，人体方向にはほとんど放射がない．リストバンド型タグとして本アンテナを用いた場合，腕の上方だけに電磁波が放射され，指先および肩の方向，さらに腕の裏側への放射強度が低いことが確認できた．

126　　5. RFID タグ用アンテナの測定

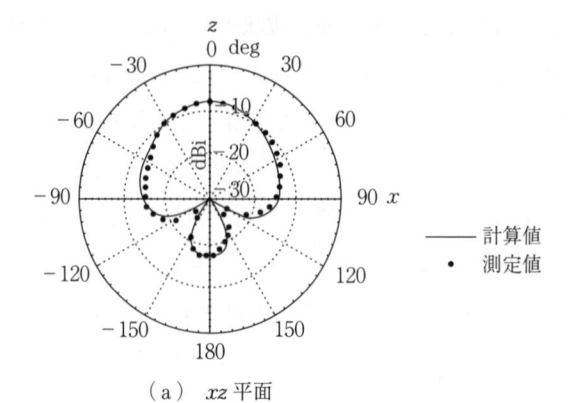

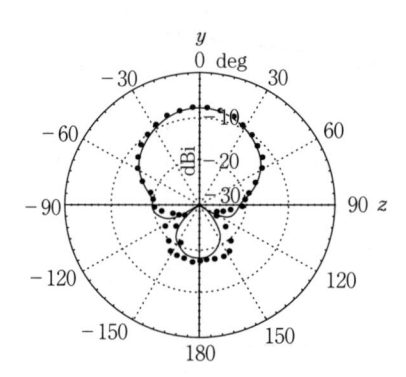

(a) xz 平面

(b) yz 平面

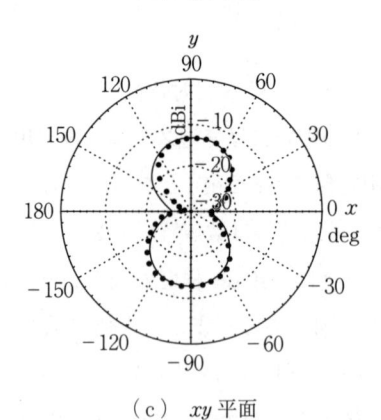

(c) xy 平面

図 5.30　リストバンド型タグの放射特性

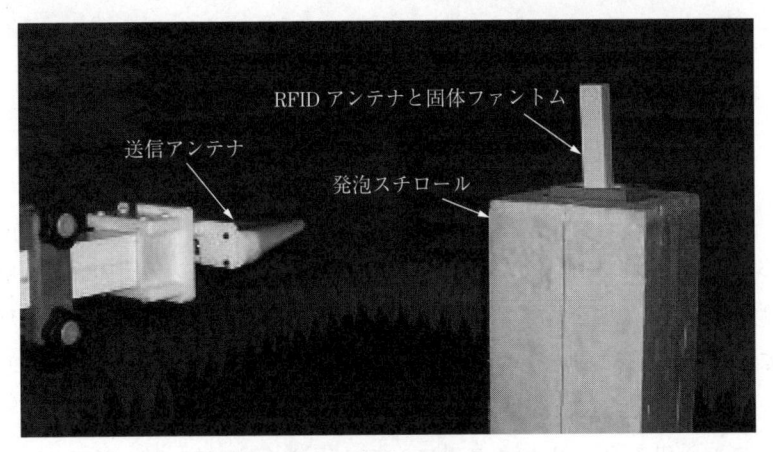

図 5.31　放射特性の測定の様子

おわりに

　13.56 MHz, 900 MHz 帯, 2.45 GHz 帯の RFID タグ用アンテナの設計, 解析と測定について説明を行ってきた. 設計, 解析に関しては, ポイントさえ理解してしまえば小形アンテナの開発と大して異なることはないが, 測定に関しては苦労されるかもしれない. RFID タグ用アンテナの最近の動向では, メタマテリアルと組み合わせたタグ用アンテナ[83] や, 400 MHz 帯, 900 MHz 帯と 2.45 GHz 帯のどれでも使用可能な Tri-band タイプのタグ用アンテナ[84], IC チップのますますの小形化などの研究がなされている.

　タグ用アンテナは, ダイポールやループなど教科書に出てくるような基本的なアンテナ, 平衡系で入力インピーダンスが 50 Ω ではないアンテナ, 電力供給のため低損失が求められるアンテナと, アンテナの研究者が見向きもしない, "鬼っ子" のような扱いである. しかし, 日本国内の状況を見てみれば, 13.56 MHz 帯の複数のシステムが着実に, 電子マネーや認証の分野で急速に普及してきている. また, 900 MHz 帯も利用周波数の再編が行われ, 世界的にほぼ共通の周波数になったことから, 今後の普及に弾みがつくと考える. RFID タグは, 物流の分野ではコストの問題から普及はまだまだであり, バーコードに匹敵する安さを実現するため, "響" プロジェクトのような国家的な取組みがなされている[32],[85]. RFID システムにとってみれば, 非常に巨大なデータベースと細密に張り巡らされたネットワークが必要であり, タグは, いかに安価に大量に生産できるかが勝負となる. この RFID システムは, 今後の普及および物流でのグローバル化により全地球的な広がりを持つシステムになり, さらにセンシングなどの機能を取り入れたつぎのシステムへと発展していくことは目に見えている. 次世代システムのためにも日本が主導権を握っていく必要があり, 基礎研究, 開発, 標準化に大きく関わっていく必要がある.

実際のRFIDタグ用アンテナはさまざまな意匠が施され登録されており，そのデザインを見るだけでも，面白いものがある。参考文献をもとに実際の製品のデザインを見てみることをお勧めする。本書が，読者諸氏による，RFIDタグへの理解，研究開発の一助となれば幸いである。

引用・参考文献

1) KEYENCE：
   http://www.sensor.co.jp/barcode/index.html（2012年8月現在）
2) 苅部 浩：トコトンやさしい非接触ICカードの本，日刊工業新聞社（2003）
3) Klaus Finkenzeller：RFIDハンドブック，日刊工業新聞社（2001）
4) 日本電気株式会社：RFIDタグの基本と仕組み，秀和システム（2005）
5) 伊賀 武，森 勢裕：よくわかるICタグの使い方，日刊工業新聞社（2005）
6) 石井宏一：図解流通情報革命の切り札「ICタグ」がよくわかる，オーエス出版（2004）
7) 阪田史郎：パーソナルエリアネットワークとその動向，信学通誌，no.2, pp.44〜54（Sept. 2007）
8) 高部佳之，清水隆文，大和忠臣，後藤浩一，山口弘太郎，伊藤公一：ワイヤレスカードの現状と展望，信学誌，vol.81, no.1, pp.41〜50（1998）
9) 白鳥 敬：ICタグがビジネスを変える，ぱる出版（2005）
10) Transfer Jet：
    http://www.transferjet.org/（2012年8月現在）
11) 澤田喜久三：RFIDシステムの基礎と国際標準化の最新動向，RFワールド，CQ出版，no.2, pp.81〜90（Jun. 2008）
12) 凸版印刷，小型コイン形状のFelica対応ICカード：
    http://www.toppan.co.jp/news/newsrelease705.html（2012年8月現在）
13) エクソンモービルジャパンスピードパス：
    http://www.self-express.jp/speedpass/（2012年8月現在）
14) 警視庁，ICカード免許：
    http://www.keishicho.metro.tokyo.jp/menkyo/menkyo/ic/ic.htm（2012年8月現在）
15) ユビキタス社会のRFIDタグ徹底解説，電子ジャーナル（Dec. 2003）
16) 成人識別ICカード「taspo（タスポ）」：
    http://www.taspo.jp/index.html（2012年8月現在）
17) RF Code：
    http://www.rfcode.com/Products/Asset-Tags/M100-Asset-Tag.html（2012年8月現在）

引 用 ・ 参 考 文 献　　*131*

18) 三井情報株式会社：
   http://www.mki.co.jp/service_news/service_news_2005/0507012_01.html（2012年8月現在）
19) 三井情報株式会社：
   http://www.mki.co.jp/service_news/service_news_2006/060626_01.html（2012年8月現在）
20) IEEE Spectrum：
   http://spectrum.ieee.org/computing/hardware/rfid-inside/（2012年8月現在）
21) Amal Graafstra：HAND ON, How radio-frequency identification and I got personal, IEEE Spectrum, pp.14 〜 19：(Mar. 2007)
22) K. R. Foster, and J. Jaeger：
   RFID Inside, IEEE Spectrum, pp.20 〜 25（Mar. 2007）
23) バイオサーモ：
   http://lifechip.info/lifechip/index.html（2012年8月現在）
24) H. Ishihata, T. Tomoe, K. Takei, T. Hirano, K. Yoshida, S. Shoji, H. Shimauchi, and H. Horiuchi：A radio frequency identification implanted in a tooth can communicate with the outside world, IEEE Transactions on Information Technology in Biomedicine, vol.11, no.6, pp.683 〜 685（Nov. 2007）
25) 櫻岡 萌，髙橋応明，齊藤一幸，伊藤公一，石川典男：口腔内RFIDタグの基礎的検討，信学技報，AP2007-148, pp.153 〜 156（Jan. 2008）
26) P. W. Thevissen, G. Poelman, M. D. Cooman, R. Puers, and G. Willems：Implantation of an RFID-tag into human molars to reduce hard forensic identification labor. Part I；Working principle, Forensic Science International, vol.159, pp.33 〜 36（Mar. 2006）
27) P. W. Thevissen, G. Poelman, M. D. Cooman, R. Puers, and G. Willems：Implantation of an RFID-tag into human molars to reduce hard forensic identification labor. Part II；Working principle, Forensic Science International, vol.159, pp.40 〜 46（Mar. 2006）
28) Conductive inkjet-printed antennas on flexible low-cost paper-based substrates for RFID and WSN applications, Amin Rida, Li Yang, Rushi Vyas, and Manos M. Tentzeris, Georgia Institute of Technology, IEEE Antennasand Propagation Magazine, vol.51, no.3（Jun. 2009）
29) Design, development and integration of novel antennas for miniaturized UHF RFID Tags, Amin H. Rida, Li Yang, S. Serkan Basat, Antonio Ferrer-Vidal, Symeon（Simos）Nikolaou, and Manos M. Tentzeris, IEEE Trans. on Antennas and Propagation, vol.

57, no. 11 (Nov. 2009)
30) 寿司店から小学校まで広がる用途　街中の利用では悪用される心配も，日経 NETWORK 2005 年 6 月号，日経 BP 社
31) 理想の全体最適を求めて，日経コンピュータ 2007 年 3 月 19 日号，日経 BP 社
32) 日経 RFID テクノロジ，日経システム構築（共編）：RFID タグ活用のすべて　実証実験から本格導入へ！，日経 BP 社（2005）
33) 日経 RFID テクノロジ編集部（編），RFID タグ導入ガイド　先進ユーザーと実証実験に学ぶ！，日経 BP 社（2004）
34) 総務省 HP：
http://www.soumu.go.jp/menu_news/s-news/01kiban14_01000036.html（2012 年 8 月現在）
35) 髙橋応明：電磁波工学入門，数理工学社（2011）
36) 石井 望：アンテナ基本測定法，コロナ社（2011）
37) 岸上順一：RFID 教科書　ユビキタス社会にむけた RFID タグのすべて，アスキー（2005）
38) 苅部 浩：非接触 IC カード設計入門，日刊工業新聞（2005）
39) Junghyun CHO, Kyung-Won MIN, and Shiho KIM：An ASK modulator and antenna driver for 13.56 MHz RFID readers and NFC devices, IEICE Trans. Commun., vol. E89-B, no.2, pp.598 〜 600（Feb. 2006）
40) 総務省電波利用ホームページ：
http://www.tele.soumu.go.jp/index.htm（2012 年 8 月現在）
41) ARIB（電波産業会）STD-T60，ワイヤレスカードシステム：
http://www.arib.or.jp/english/html/overview/doc/1-STD-T60v2_0.pdf（2012 年 8 月現在）
42) 総務省電波利用ホームページ：
http://www.tele.soumu.go.jp/j/ref/material/rule/（2012 年 8 月現在）
43) EMC 技術者協会（編）'98EMC SENDAI テキスト
44) 総務省電波防護指針：
http://www.tele.soumu.go.jp/resource/j/material/dwn/guide38.pdf（2012 年 8 月現在）
45) 新井宏之：新アンテナ工学，総合電子出版（1996）
46) 上坂晃一，髙橋応明：RFID タグにおけるアンテナ技術，信学論（B），vol. J89-B, no.9, pp.1548 〜 1557（Sept. 2006）
47) 岩田昭男：図解よくわかる IC カードビジネス，有楽出版社（2003）
48) トッパンフォームズ：http://rfid.toppan-f.co.jp/（2012 年 8 月現在）

49) 大日本印刷：
    http://www.dnp.co.jp/ictag/seihin/media/index.html（2012年8月現在）
50) 山田直平，桂井 誠：電気磁気学，電気学会（2002）
51) 上坂晃一：非接触ICカード/RFID用アンテナ設計技術，（株）トリケップス（2004）
52) 稲垣直樹：電磁気学，コロナ社（1999）
53) H. M. Greenhouse：Design of planar rectangular microelectronic inductors, IEEE Transactions on parts, Hybrids, and packaging, vol.PHP-10, no.2（Jun. 1974）
54) N.Inagaki：An improved circuit theory of a multielement antenna, IEEE Trans. on Antennas and Propagation, vol.17, no.2, pp.120 ～ 124（1973）
55) 上坂晃一，幕内雅巳，須賀 卓：非接触ICカード・RFID用スパイラルアンテナの設計解析技術，信学技報，AP2003-239, pp.15 ～ 20（Jan. 2004）
56) ニッタ（株）：
    http://www.nitta.co.jp/product/sheet/rfid/top.html（2012年8月現在）
57) K. V. Seshagiri Rao, Pavel V. Nikitin, and Sander F. Lam：Antenna design for UHF RFID Tags；A Review and a Practical Application, IEEE Trans. Antennas and Propagation, vol.53, no.12, pp.3870 ～ 3876（Dec. 2005）
58) 滝口將人，山田吉英：0.1波長以下の超小形メアンダラインアンテナの電気特性，信学論（B），vol.J87-B, no.9, pp.1336 ～ 1345（Sept. 2004）
59) G.Marrocco：Gain-optimized self-resonant meander line antennas for RFID applications, IEEE Antennas and Wireless Propagation Letters, vol.2, pp.302 ～ 305（2003）
60) Alien Technology：
    http://www.alientechnology.com/tags/（2012年8月現在）
61) GAO Inc.：
    http://www.gaorfid.com/（2012年8月現在）
62) M. Keskilammi, and M. Kivikoski：Using text as a meander line for RFID transponder antennas, IEEE Antennas and Propagation Letters, vol.3, pp.372 ～ 374（2004）
63) C.A.Balanis：Antenna theory, analysis and design（second edition）, John Wiley & Sons（1997）
64) 松村崇史，齊藤一幸，髙橋応明，山本悦治，伊藤公一，高橋和久：鉤型医療器具へのRFIDアンテナの装着位置，2012信学総全大，B-1-110, p.110（2012）
65) 日立製作所ミューチップ：
    http://www.hitachi.co.jp/products/it/traceability/solution/ictag.html（2012年

8月現在）
66) 電子情報通信学会編：アンテナ工学ハンドブック（第2版），オーム社（2008）
67) 苅込正敏，恵比根佳雄：無給電素子のあるプリントダイポールアンテナ，信学技報，AP89-2, pp.9 〜 16（Apr. 1989）
68) 田口裕二朗，陳 強，澤谷邦男：広帯域モノポール八木・宇田アンテナ，信学論（B），vol.J83-B, no.1, pp.56 〜 64（Jan. 2000）
69) 大嶺裕幸，深沢 徹，宮下和仁，茶谷嘉之：複数の非励振素子で広帯域化を図った3周波数共用ダイポールアンテナ，信学技報，AP2000-6, pp.37 〜 42（Apr. 2000）
70) 恵比根佳雄，鹿子嶋憲一：近接無給電素子を有する多周波共用ダイポールアンテナ，信学論（B），vol.J71-B, no.11, pp.1252 〜 1258（Nov. 1988）
71) 掛札祐範，恵比根佳雄，新井宏之：無給電素子の形状による反射板付きダイポールアンテナの広帯域化，信学技報，AP2003-110, pp.87 〜 92（Aug. 2003）
72) 猪山圭一郎，髙橋応明，宇野 亨，有馬卓司：広帯域RFID用アンテナの研究，信学技報，AP2004-230, pp.43 〜 48（Feb. 2005）
73) 宇野 亨：FDTD法による電磁界およびアンテナ解析，コロナ社（1998）
74) 黒川 悟，廣瀬雅信，小見山耕司：光技術を用いたアンテナ特性測定，信学論（C），vol.J91-C, no.1, pp.64 〜 74（Jan. 2008）
75) Cascade Microtech：
    http://cascademicrotech.com/products/probes/probes（2012年8月現在）
76) 手代木扶：アンテナ測定法の基礎と実際，アンテナ・伝搬における設計・解析手法ワークショップ第13回（1999）
77) 森下 久：小形アンテナの基礎と実際，アンテナ・伝搬における設計・解析手法ワークショップ第32回（2006）
78) J. Dyson：Measurement of near fields of antennas and scatterers, IEEE Trans. Antennas and Propagation, vol.21, no.4, pp.446 〜 460（Jul. 1973）
79) D. Ochi, M. Takahashi, K. Saito, K. Ito, A. Ohmae, and K. Uesaka：Evaluation on performances of wristband type RFID antenna, 信学技報，AP2006-142, pp.1 〜 4（Mar. 2007）
80) S. Gabriel, R. W. Lau, and C. Gabriel：The dielectric properties of biological tissues：II. Measurements in the frequency range 10 Hz to 20 GHz, Phys. Med. Biol., vol. 41, pp. 2251 〜 2269（Apr. 1996）
81) 滝本拓也，大西輝夫，齊藤一幸，髙橋応明，伊藤公一：UWB通信帯域における生体等価ファントムの特性，信学論（B-II），vol. J88-B, no.9, pp.1674 〜 1681（Sept. 2005）

82) 工業技術院生命工学技術研究所：設計のための人体寸法データ集，生命工学工業技術研究所，vol.2, no.1（1994）
83) M. Stupf, R. Mittra, J. Yeo, and J. R. Mosig：Some novel design for RFID antennas and their performance enhancement with metamaterials, IEEE International Symposium on Antennas and Propagation Digest, pp.1023 〜 1026（2006）
84) W. Hong, N. Behdad, and K. Sarabandi：Tri-band reconfigurable antenna for RFID applications, IEEE International Symposium on Antennas and Propagation Digest, pp.2669 〜 2669（2006）
85) 経済産業省情報政策電子タグ（IC タグ）・電子商取引（EDI）の活用：
http://www.meti.go.jp/policy/it_policy/tag/index.html（2012 年 8 月現在）

用 語 集

(アルファベット順)

ASK(amplitude shift keying):振幅偏移変調。デジタル信号を正弦波の振幅の大きさで表し変調する,すなわち振幅変調。回路構成がとても単純になる反面,受信レベル変動やノイズに弱いため誤り率が高い。**OOK**(on/off keying)と呼ばれることもある。

back scatter:後方散乱変調。R/Wから電波をタグに伝送し,タグに書き込まれている情報に応じた変調がかかってリーダに戻ってくること

bi-phase space(FM 0):符号化の一つ。論理値1のとき,ビット初めで反転。論理値0のとき,ビット中央で反転

Bryan method:H. E. Bryanが1955年にTele-Tech & Electronic Industriesに"Printed inductors and capacitors"を発表した。平面構造のインダクタのインダクタンスを理論的に計算する方法

E/O変換:電気-光変換。電気信号を光信号に変換すること

Edy:ビットワレットが運営する,プリペイドカード型の電子マネーシステム

EIRP(equivalent isotropically radiated power):等価等方放射電力。送信系の性能を表す指数の一つ。送信アンテナの利得(G_t)と送信機の出力(P_t)の積で求めることができ,通常dBWで表す。

EMC(electro-magnetic compatibility):電磁環境両立性。電気機器などが備える,電磁的な不干渉性および耐性

FDTD法(finite difference time domain method):時間領域差分法。マクスウェルの方程式の時間空間に関する微分を差分に置き換えて差分方程式を立て,この差分方程式をもとに電界と磁界を時間軸方向に交互に計算していく手法

HP 85070E 誘電率プローブキット:ヒューレットパッカード社(現アジレント社)が発売している材料の複素誘電率を測定する機器

IC(integrated circuit):集積回路。抵抗,ダイオード,コンデンサ,トランジスタなどの素子をシリコン基板上に集積した電子素子

ICカード:ICチップが入ったカード

用語集

ICT法（improved circuit theory）：1969年に，稲垣によって開発された線状アンテナアレーの効率よい解析手法。モーメント法のガラーキン法を用いた解析と同様であるが，基底関数として全域基底関数を用い，連立方程式を導出する際に変分原理を用いるのが特徴

ICの動作電圧：ICが機能するのに必要な電圧

ISMバンド（industrial, scientific and medical band）：産業科学医療用バンド。国際的に多目的用途に割り当てられた周波数帯域（900 MHz，2.4 GHz，5.7 GHz帯）のこと

LC共振：コイル（L）とコンデンサ（C）が存在する共振回路

Murの二次吸収境界条件：吸収境界で反射がないという進行波のみを表現する微分オペレータの差分近似により導かれたもの

NRZ符号化（non return to zero coding）：符号化の一つ。非ゼロ復帰方式。最も単純な符号化。仮に論理値1をハイレベル，論理値0をローレベルとして，論理値が変わるまでそのその状態を保持する。論理状態が変化したときのみ側波帯に現れるので，帯域が最小で済む点が特徴である。

O／E変換：光-電気変換。光信号（O）を電気信号（E）に変換すること

PML（perfectly matched layer）：FDTD解析などにおいて，境界に仮想的な媒質を置いて入射波を減衰させようというもの。現在のところ，最も精度のよい吸収境界条件

Q値：共振のピークの鋭さを表す値

R／W（reader／writer）：リーダ／ライタ。信号を読出し，書込みするもの

RFID（radio frequency identification）：商品などに付けられたIDタグを無線で読み取り，管理を行うシステム。バーコードに代わる技術として物流分野などで利用されている。

RFIDタグ：RFIDシステムにおいて，個体の識別に利用される微小なタグ

SAR測定：SAR（specific absorption rate，比吸収率）とは，単位質量の組織に吸収されるエネルギー量のこと。単位はW／kg

skin depth：表皮厚。表皮効果において，強度が表面の$1/e$（eは自然対数の底）になるところの深さ

TX-151：ポリアミド樹脂，増粘剤

用語集

（五十音順）

アンチコリジョン（anti-collision）：複数のRFIDタグが存在しても，同時にデータの処理ができる機能

アンテナ共振容量：アンテナをLC共振回路として考えた場合の等価的な容量

インダクタンス（inductance）：巻線などに流れる電流により生じる鎖交磁束をその電流値で割った値。コイルの形状や材料によって決定する。

インレット（inlet）：ICチップとアンテナから構成された，ICカードやRFタグを作るための部品。ラミネート加工などされている。

液体ファントム（liquid phantom）：人体などの電気定数を模擬した液体

エレクトリカルディレー（electrical delay）：測定した位相および群遅延のデータに電気的にディレーを加えること。校正基準面とアンテナ入力基準面が異なる場合，その長さに対応するエレクトリカルディレー（位相差）を考慮してインピーダンス測定が行われる。

外導体：同軸ケーブル（線路）の外側導体

ガウシアンパルス：ガウス分布状のパルス波形

角周波数：普通の"周波数"は1秒当りの周期数をいうが，これを1周期$=2\pi$ラジアンと定義し，1秒当りの角度変化量を表したもの。数式上では記号ωで表されることが多く，周波数をfとすると$\omega=2\pi f$で計算できる。単位は$\mathrm{rad/s}$

拡張ミラー符号化（modified Miller coding）：符号化の一つ。ミラー符号化のレベルの変化点を微分して負パルスを発生

ガラスエポキシ：エポキシ樹脂にガラス不織布を織り込んで積層プレスしてつくられた材料。プリント基板などで用いられる。

完全電気導体（PEC）（perfect electric conductor）：電気抵抗がゼロの導体

キャパシタンス：静電容量。コンデンサなどの絶縁された導体において，どのくらい電荷が蓄えられるかを表す量

キャリブレーション：測定などを正確にかつ安定して再現させるために調整すること。なお，calibrateの本来の意味は目盛をつけることである。

吸収境界：FDTD法などで，有限領域でも無限空間を模擬するために設定した仮想的な境界のこと

給電：電力を供給すること

共役整合：負荷インピーダンスを電源の内部インピーダンスの共役複素数に等しくす

ること．電源から取り出しうる電力が最大になる．

共振周波数：回路が共振を起こしたときの周波数

鏡像法（image method）：大地や金属板などの影響を，等距離，反対向きの仮想波源を用いて解く方法

空間インピーダンス：電磁波が空間を伝搬する際の電界と磁界の比率

結合係数：トランスの一次巻線と二次巻線との結合の度合いを示す係数．単位はなく，k で表す．

決済システム：代金の受け渡しのためのシステム

固体ファントム（dry phantom）：固体で作られた，人体などの電気定数を模擬した物体

2/3筋肉等価媒質：筋肉の電気定数に3分の2を乗じた媒質のこと

シールデッドループアンテナ（shielded loop antenna）：磁界検出にはループアンテナを用いるが，単純なループアンテナでは電界にも反応するため，ループアンテナにシールドを設けて，電界に対する感受性を抑止したもの

シェル（shell）：液体ファントムを入れておく容器

磁性体：磁性を帯びることが可能な物質．酸化鉄・酸化クロム・コバルト・フェライトなど

磁性体シート：磁性材料と樹脂からなるシート状のもの

出力インピーダンス：回路の出力部が持っているインピーダンス

準静電界（quasi-electrostatic field）：非常にゆっくりと変化する電界．ダイポールから距離 $kr \ll 1$ のときに存在する近傍界の一つ

人体等価ファントム：人体と等価な電気的特性を有するファントム

人体の電気特性：人体の各組織の誘電率，導電率など

スパイラルアンテナ（spiral antenna）：らせん状の線状アンテナ

スプリアス（spurious）：不要波．発射電波に含まれる不要な周波数成分のこと

スペクトラムアナライザ（spectrum analyzer）：横軸を周波数，縦軸を電力または電圧とする二次元のグラフを画面に表示する測定器

正弦波：交流波形や脈流波形などの波形の名称の一つ

正弦波で変調したガウシアンパルス：直流成分を持たないように正弦波で変調したガウシアンパルス．ループアンテナなど，ガウシアンパルスで励振した場合，直流電流が流れ続けてしまい，フーリエ変換ができないため使用する．

整合：電気信号の伝送路において，送り出し側回路の出力インピーダンスと，受け入れ側回路の入力インピーダンスを合わせること

製造ロット：大量生産ラインで同時期に製造され出荷されたもの

セルサイズ：直交格子（セル）の大きさ

線間の結合容量：配線どうしの結合による生じる容量

相互インダクタンス：二つのコイルが磁気的に結合することによって生じるインダクタンス

疎結合：個々のコンポーネントどうしの結びつきが比較的緩やかで，独立性が強い状態。トランスでは電磁結合度が低いもの

阻止套管（sperrtopf）：平衡‐不平衡バラン（同軸型）。漏れ電流を阻止するために，給電線の給電部付近から，原理的には $1/4\lambda$ 長の金属の筒（阻止套管）をかぶせ，給電部とは反対側の筒の終端部と給電線の外導体を接続する。

帯域幅（bandwidth）：機器などが使用できる最高周波数と最低周波数の幅を指す。

ダイポールアンテナ（dipole antenna）：給電点に2本の直線状の導線（エレメント）を左右対称につけた線状アンテナ

タイムゲート機能（time gate）：時間領域において時間的パスフィルタ（ゲート関数）をかけ，不要反射パルスを取り除くこと

タイムステップ（time step）：計算時間間隔

脱イオン水：イオン交換樹脂などによりイオンを除去した水のこと

単純 RZ 符号化：符号化の一つ。ゼロ復帰方式。仮に論理値0をローレベルとすると，論理値1のときいったんハイレベルになり，ビット間隔内で元のローレベルに戻る。論理値0は変化せずにローレベルのままになる。つまり，論理値1のときはパルスを発生し，論理値0のときはパルスを発生しない。側波帯の広がりが大きいため，電波規則を満足するために，変調度を下げる必要がある。

抵抗率（resistivity）：単位体積当りの電流の流れ難さ（抵抗）。単位は $\Omega \cdot m$。導電率の逆数である。

デヒドロ酢酸ナトリウム：食品添加物の一種で，酢酸を熱分解して生成するケテンを縮合反応させて得られるデヒドロ酢酸を，水酸化ナトリウムで中和させて製造されるもの

電流分布：導体の各位置における電流の分布状態

電力伝送効率：電力を伝送する効率

同軸ケーブル（coaxial cable）：不平衡な電気信号を伝送するための特性インピーダンスが規定された電線の一種。同心円筒ケーブル

透磁率（magnetic permeability）：磁場（磁界）の強さ H と磁束密度 B との間の関係を $B=\mu H$ で表したときの比例定数 μ である。単位は H/m。真空の透磁率は $4\pi \times 10^{-7}$ 〔H/m〕

導電率：物質の電気伝導のしやすさを表す物性値。単位は S/m

トランス回路：交流電力の電圧の高さを電磁誘導を利用して変換する電力機器・電子部品

入力インピーダンス：アンテナ給電点におけるインピーダンス

入力容量：回路などの入力部から見た容量

ネットワークアナライザ（network analyzer）：高周波・マイクロ波回路，デバイスなどの高周波特性（インピーダンスなど）を測る計測器

ノイマン（Neumann）の公式：ある回路に電磁誘導によって誘導される起電力 e は，その回路と鎖交する磁束 Φ が時間的に変化する割合 $e=d\Phi/dt$ に等しいことを表した式。ファラデーの電磁誘導の法則

バーコード：白線と黒線を平行に組み合わせて，データをコード化したもの

バイオメトリクス：生体認証。人間の身体的特徴（生体器官）や行動的特徴（癖）の情報を用いて行う個人認証技術。指紋，網膜，虹彩，血管，顔，音声，DNA など

配線抵抗：回路の配線に生じる抵抗

パッチアンテナ（patch antenna）：一般的に帯域が狭く，広い指向性を持つアンテナ。**マイクロストリップアンテナ**ともいう。

バラン（balun）：平衡-不平衡変換回路。同軸ケーブルと2線フィーダなど，平衡と不平衡の状態にある電気信号を変換するための素子。balun とは，**bal**ance（平衡）と **un**balance（不平衡）の頭文字を合成した用語である。

搬送波（carrier wave）：通信において，情報を乗せて伝送線路で送るための変調が行われていない基準信号のこと。**キャリヤ**ともいう。情報をそのまま送ることが考えられるが，搬送波を使ったほうが効率的に情報を送ることができ，多重化できることから利用することが多い。

半波長ダイポールアンテナ：アンテナのエレメント長さを測定周波数の半波長としたダイポールアンテナ

光ファイバ（optical fiber）：光の点滅により，信号を伝送するガラスまたは誘電体ケーブル

微弱無線局：著しく微弱な電波を利用する無線局で，無線局の免許を受ける必要がないもの

非接触 IC カード：国際的には ISO/IEC 14443。リーダとライタの通信距離に応じて「密着型」「近接型」「近傍型」「遠隔型」の 4 種類に区別される。

"響"プロジェクト：経済産業省では，UHF 帯 RFID タグのインレットを月産 1 億個の条件のもとで，1 個当りの価格を 5 円とすることを目標とする開発プロジェクトを，2004 年 8 月から 2006 年 7 月まで行った。

比透磁率：同じ磁界強度における物質の透磁率と真空の透磁率の比

表皮効果（skin effect）：高周波電流が導体を流れるとき，電流密度が導体の表面で高く，深部では低くなる現象のこと

不等間隔セル：FDTD 解析などにおいて，一般に等間隔のセルを用いて計算を行うが，メモリの節約，計算速度の改善のため，場所によってサイズを変えたセル。誤差が大きくならないように注意が必要

浮遊容量：回路素子などでは現れない，周囲の構造や回路構成などによって生じる静電容量

フリスの伝達公式：送信電力とある距離離れた地点のアンテナ受信電力の関係

プローブ（probe）：電磁界を測定する探査用具

放射指向性（directivity）：電波の放射方向と放射強度との関係

放射電磁界：アンテナから放射される電磁界

放射特性：アンテナから放射される電力特性。アンテナ利得，指向性など

ボクセル：モデルを構成する箱形の要素

マイクロ波発振器：マイクロ波信号を発振する装置

マクスウェル（Maxwell）の方程式：電磁場の振舞いを記述する電磁気学の基礎方程式。つぎの四つの基本法則（電荷のガウスの法則，ファラデーの法則，磁荷のガウスの法則，アンペアの法則）を表した数式

マンチェスタ符号化（Manchester coding）：符号化の一つ。論理値 1 はビット間隔の中央で負方向に変化，論理値 0 は同じく中央で正方向に変化

ミューチップ（μ-chip）：日立製作所が開発した超小形の RFID チップ。縦横 400 μm，厚さ 60 μm の直方体形で，128 bit の読出し専用データを記録できる。

ミラー符号化：論理値 1 のとき，ビット間隔の中央でどちらかのレベルに変化。論理値 0 のとき，論理値 1 に続く場合はそのレベルを維持。論理値 0 に続く場合はビット

間隔の始めで変化

無給電素子装荷アンテナ：広帯域化や高利得化などのために，給電しない素子を装荷したアンテナ

メタマテリアル（metamaterial）：語句自体は「人間の手で創生された物質」を示す．特に負の屈折率を持った人工物質を指す．

モーメント法（moment method）：マクスウェルの方程式から目的とする構造に対する積分方程式を導出し，周波数領域で数値的に解く方法

有限要素法（finite element method）：微分方程式の数値解法の一つ．解析領域を三角形などの小さな要素に分割しつつ物理量を多項式などの簡単な関数系で展開し，変分原理から誤差が最小となるように全体の近似解を行列演算で得る方法

誘電正接（tanδ）：物質の複素誘電率の実部と虚部の比．電気エネルギー損失の度合いを表す．アンテナ材料としては $10^{-4} \sim 10^{-3}$ オーダのものをよく使用する．

誘導起電力：電磁誘導によって電気回路に誘導された起電力．コイルをつらぬく磁力線の変化が大きいほど，誘導起電力も大きくなる．

誘導電圧：電磁誘導によって電気回路に誘導された電圧

リターンロス（return loss）：反射減衰量．アンテナを伝送線路に接続した場合，線路の特性インピーダンスとアンテナの入力インピーダンスの違いにより反射が生じる．この反射電力と入射電力の比．全反射で 0 dB，無反射で $-\infty$ dB となる．

利得（gain）：入力電力が等しい，アンテナがある方向へ放射した電力と，基準アンテナが同一距離の点に放射した電力の比．基準アンテナは全方向に均一に放射する波源を用いる．

ループアンテナ（loop antenna）：エレメントを環状（ループ）にしたアンテナ．ダイポールアンテナより広帯域な特性を持つ

索　　引

【あ】

アクティブ型	10
アンチコリジョン	5, 138
アンチコリジョン方式	76
アンテナ共振容量	138
アンペアの周回路の積分	23
アンペアの法則	22

【い】

位相定数	28
位相偏移変調	58
イモビライザ	7
インダクタンス	71, 138
インダクティブリーカップルドループ	83
インピーダンス整合	82
インレット	90, 138

【う】

右旋円偏波	30

【え】

液体ファントム	138
エレクトリカルディレー	106, 138
円偏波	30
円偏波マイクロストリップアンテナ	51
エンボスカード	2

【お】

折返しダイポールアンテナ	90

【か】

回線設計	86
外導体	138
ガウシアンパルス	138, 139
ガウスの法則	23
可逆性	44
可逆定理	44
角周波数	138
拡張ミラー符号化	138
カード型 RFID タグ	12, 72
ガラスエポキシ	138
完全電気導体	138

【き】

逆 L アンテナ	45
キャパシタンス	138
キャリブレーション	108, 138
キャリヤ	141
吸収境界	97, 138
吸収境界条件	97
給電	138
共振周波数	139
鏡像法	46, 108, 139
共役整合	138
近距離無線通信	59

【く】

空間インピーダンス	139

【け】

結合係数	139
決済システム	139

【こ】

減衰定数	28
光波	18
後方散乱変調	54, 136
後方散乱変調方式	86
国際電気通信連合	60
個体認証	2
固体ファントム	139
固有インピーダンス	28

【さ】

サイドファイアヘリカルアンテナ	49
左旋円偏波	30
産業科学医療用バンド	19, 137

【し】

シェル	139
磁界	22
磁界分布	118
時間領域差分法	136
軸モード	49
指向性	35
指向性係数	35
指向性利得	43
磁性体	139
磁性体シート	139
実効放射電力	86
集積回路	136
周波数偏移変調	57
受信電力	65
出力インピーダンス	139

索引　145

準静電界 34, 139	体内埋込み型 RFID タグ 14	動作周波数 65
シールデッドループアンテナ 116, 139	ダイポールアンテナ 45, 88, 140	動作利得 44
人体等価ファントム 121, 139	タイムゲート機能 140	同軸ケーブル 141
人体の電気特性 139	タイムステップ 140	透磁率 22, 141
振幅偏移変調 136	楕円偏波 30	導電率 22, 141
	脱イオン水 140	等方性 35
	単純 RZ 符号化 140	トランス回路 141

【す】
垂直偏波　30
垂直モード　49
水平偏波　30
スパイラルアンテナ　45, 63, 139
スプリアス　60, 139
スペクトラムアナライザ　139

【せ】
正弦波　139
整合　140
製造ロット　140
生体認証　2, 141
静電容量　138
絶対利得　42
セミパッシブ型　11
セルサイズ　140
線間の結合容量　140
線状アンテナ　45
全方向性　35

【そ】
装荷ループアンテナ　48
相互インダクタンス　73, 140
相対利得　43
相反性　44
相反定理　44
疎結合　140
阻止套管　110, 140

【た】
帯域幅　140

【ち】
直線偏波　30

【つ】
通信距離　5, 65, 86

【て】
抵抗　70
抵抗率　140
ティーマッチフィード　83
デヒドロ酢酸ナトリウム　140
電界　22
電界パターン　38
電界分布　99
電気‐光変換　136
電磁環境両立性　136
電子マネー　4, 9
電磁誘導方式　20
電磁誘導方式アンテナ　65
電磁誘導方式パッシブ型 RFID　120
電波　18
電波法　60
電波防護指針　60
電波方式　20
伝搬定数　26
電流分布　99, 140
電力伝送効率　140
電力パターン　38

【と】
等価等方放射電力　136

【な】
ナル　38

【に】
入力インピーダンス　40, 101, 141
入力抵抗　41
入力容量　141
入力リアクタンス　41

【ぬ】
ヌル　38

【ね】
ネットワークアナライザ　141

【の】
ノイマンの公式　73, 141
ノーマルモード　49

【は】
バイオメトリクス　2, 141
配線抵抗　141
バーコード　1, 141
波数　26
歯装着型 RFID タグ　14
パッシブ型　10, 52
パッチアンテナ　50, 89, 141
波動インピーダンス　28
バラン　110, 141
パルス位置符号化　55
パルス間隔符号化　55
反射係数　44

反射減衰量	143	ヘリカルアンテナ	49	【む】		
反射損	44	変位電流	23	無給電素子装荷アンテナ	143	
板状アンテナ	50	変形ミラー符号化	54	無給電素子付きダイポール		
搬送波	53, 141	変　調	53	アンテナ	92	
半値角	38	変調波	53	無指向性	35	
半波長ダイポールアンテナ		偏　波	30	無線電力伝送	18	
	37, 141	【ほ】		【め】		
【ひ】		ポインティグ電力	29	メアンダーライン	78	
光‐電気変換	137	ポインティングベクトル	29	メタマテリアル	143	
光ファイバ	141	放射界	34	【も】		
引出し配線付きグランドレス		放射効率	42			
パッチアンテナ	85	放射指向性	112, 142	モノポールアンテナ	46	
微弱無線局	142	放射抵抗	40	モーメント法	143	
微小電流素子	33	放射電磁界	142	【ゆ】		
非斉次（非同次）ベクトル		放射電力	20			
ヘルムホルツ方程式	26	放射特性	102, 142	有限要素法	143	
非接触ICカード	142	放射パターン	35	誘電正接	28, 143	
比透磁率	142	ボクセル	142	誘電率	22	
"響"プロジェクト	142	ボックス型RFIDタグ	13	誘電界	34	
表皮厚	29, 70, 137	【ま】		誘導起電力	143	
表皮効果	70, 142	マイクロストリップアンテナ		誘導電圧	143	
【ふ】			50, 141	【り】		
ファラデーの法則	22	マイクロチップ	14	リストバンド	120	
不整合損	44	マイクロ波発振器	142	リーダ／ライタ	4, 137	
不等間隔セル	142	マクスウェルの基礎方程式		リターンロス	44, 143	
浮遊容量	142		22	利　得	42, 143	
不要波	139	マクスウェルの方程式	142	【る】		
フリスの伝達公式	86, 142	マンチェスタ符号化	55, 142			
プローブ	142	【み】		ループアンテナ	47, 63, 143	
【へ】		ミューチップ	142	ループ巻数	66	
平衡‐不平衡バラン		ミラー	55	【ろ】		
（同軸型）	140	ミラー符号化	142	ローデッドループアンテナ		
平衡‐不平衡変換回路	141				48	
平面波	26					

索引

【A】
ABS	12
ASK	53, 55, 136

【B】
back scatter	54, 136
back scatter 方式	86
balun	141
bi-phase space	55, 136
Bryan method	71, 75, 136

【D】
DC	54

【E】
Edy	136
EIRP	20, 86, 136
EMC	136
EMC 規制	60
E/O 変換	136
ETC	10
E 面パターン	36

【F】
FA	7
FDTD 法	97, 136
FM 0	55, 136
FSK	57

【G】
GPS	51

【H】
HP 85070E 誘電率プローブキット	136
H 面パターン	36

【I】
IC	136
──のインピーダンス	106
──の動作電圧	137
ICT	75
ICT 法	137
IC カード	136
ISM バンド	19, 137
ITU	60

【L】
LC 共振	137

【M】
Mur の二次吸収境界条件	137

【N】
NFC	59
NFC フォーラム	59
NRZ	54
NRZ 符号化	137

【O】
O/E 変換	137
OOK	136

【P】
PEC	138
PET	12
PIE	55
PML	137
PPM	55
PSK	58
PVC	12

【Q】
Q 値	137

【R】
RF	54
RFID	137
──の特徴	3
RFID システム	4
──の歴史	7
RFID タグ	4, 10, 87, 137
──の形状	12
RFID タグ用アンテナ	15, 52
R/W	4, 137

【S】
SAR	121
SAR 測定	137
skin depth	137

【T】
$\tan \delta$	28, 143
TEM 波	28
TX-151	137

【V】
VCCI	62

【数】
2/3 筋肉等価媒質	120, 139

【ギリシャ文字】
$\lambda/4$ 短絡型マイクロストリップアンテナ	51
μ-chip	142

―― 著者略歴 ――

1989年　東北大学工学部電気工学科卒業
1992年　東京工業大学大学院修士課程修了（電気電子工学専攻）
1993年　日本学術振興会特別研究員
1994年　東京工業大学大学院博士課程修了（電気電子工学専攻）
　　　　博士（工学）
1994年　武蔵工業大学助手
1996年　武蔵工業大学講師
2000年　東京農工大学助教授
2004年　千葉大学助教授
2007年　千葉大学准教授
　　　　現在に至る

RFIDタグ用アンテナの設計
Antenna Design for RFID Tags　　　　　© Masaharu Takahashi 2012

2012年11月30日　初版第1刷発行　　　　　　　　　　★

|検印省略|

著　者　髙　橋　応　明
発行者　株式会社　コロナ社
　　　　代表者　牛来真也
印刷所　萩原印刷株式会社

112-0011　東京都文京区千石4-46-10
発行所　株式会社　コロナ社
CORONA PUBLISHING CO., LTD.
Tokyo　Japan
振替 00140-8-14844・電話(03)3941-3131(代)
ホームページ http://www.coronasha.co.jp

ISBN 978-4-339-00844-9　　（大井）　　（製本：愛千製本所）
Printed in Japan

本書のコピー，スキャン，デジタル化等の
無断複製・転載は著作権法上での例外を除
き禁じられております。購入者以外の第三
者による本書の電子データ化及び電子書籍
化は，いかなる場合も認めておりません。

落丁・乱丁本はお取替えいたします

電気・電子系教科書シリーズ

(各巻A5判)

■編集委員長 高橋　寛
■幹　　事　湯田幸八
■編集委員　江間　敏・竹下鉄夫・多田泰芳
　　　　　　中澤達夫・西山明彦

配本順		書名	著者	頁	定価
1.	(16回)	電気基礎	柴田尚志・皆田新芳・多田泰尚志 共著	252	3150円
2.	(14回)	電磁気学	柴田尚志 共著	304	3780円
3.	(21回)	電気回路Ⅰ	柴田尚志 著	248	3150円
4.	(3回)	電気回路Ⅱ	遠藤勲・鈴木靖・西山明彦 共著	208	2730円
5.		電気・電子計測工学	吉下昌二・西平鎮・奥木郎・青堀立・西幸 共著		
6.	(8回)	制御工学		216	2730円
7.	(18回)	ディジタル制御	青西俊 共著	202	2625円
8.	(25回)	ロボット工学	白水俊次 著	240	3150円
9.	(1回)	電子工学基礎	中澤達夫・藤原勝幸 共著	174	2310円
10.	(6回)	半導体工学	渡辺英夫 著	160	2100円
11.	(15回)	電気・電子材料	中澤・押田・森山・須田・土原・伊海・若沢・吉賀・室下 共著	208	2625円
12.	(13回)	電子回路	藤原服部健英充弘昌進 共著	238	2940円
13.	(2回)	ディジタル回路	二博夫純也厳 共著	240	2940円
14.	(11回)	情報リテラシー入門		176	2310円
15.	(19回)	C++プログラミング入門	湯田幸八 著	256	2940円
16.	(22回)	マイクロコンピュータ制御プログラミング入門	柚賀正・千代谷光慶 共著	244	3150円
17.	(17回)	計算機システム	春舘日泉田雄健幸八博充 共著	240	2940円
18.	(10回)	アルゴリズムとデータ構造		252	3150円
19.	(7回)	電気機器工学	湯伊前新江高江甲田原谷間橋間斐木川下川田松宮南岡桑邦弘敏勲敏章彦機夫機克幸裕唯孝充 共著	222	2835円
20.	(9回)	パワーエレクトロニクス		202	2625円
21.	(12回)	電力工学		260	3045円
22.	(5回)	情報理論	隆成英鉄英豊克稔正久正史夫史志 共著	216	2730円
23.	(26回)	通信工学		198	2625円
24.	(24回)	電波工学		238	2940円
25.	(23回)	情報通信システム(改訂版)	植松箕裕唯孝充	206	2625円
26.	(20回)	高電圧工学		216	2940円

定価は本体価格+税5％です。
定価は変更されることがありますのでご了承下さい。

図書目録進呈◆

電子情報通信レクチャーシリーズ

■電子情報通信学会編　　　（各巻B5判）

共通

	配本順			頁	定価
A-1		電子情報通信と産業	西村 吉雄著		
A-2	（第14回）	電子情報通信技術史 ―おもに日本を中心としたマイルストーン―	「技術と歴史」研究会編	276	4935円
A-3	（第26回）	情報社会・セキュリティ・倫理	辻井 重男著	172	3150円
A-4		メディアと人間	原島　博 北川 高嗣 共著		
A-5	（第6回）	情報リテラシーとプレゼンテーション	青木 由直著	216	3570円
A-6		コンピュータと情報処理	村岡 洋一著		
A-7	（第19回）	情報通信ネットワーク	水澤 純一著	192	3150円
A-8		マイクロエレクトロニクス	亀山 充隆著		
A-9		電子物性とデバイス	益　一哉 天川 修平 共著		

基礎

	配本順			頁	定価
B-1		電気電子基礎数学	大石 進一著		
B-2		基礎電気回路	篠田 庄司著		
B-3		信号とシステム	荒川 薫著		
B-5		論理回路	安浦 寛人著		
B-6	（第9回）	オートマトン・言語と計算理論	岩間 一雄著	186	3150円
B-7		コンピュータプログラミング	富樫 敦著		
B-8		データ構造とアルゴリズム			
B-9		ネットワーク工学	仙田 正和 石村 正裕 共著 中野 敬介		
B-10	（第1回）	電磁気学	後藤 尚久著	186	3045円
B-11	（第20回）	基礎電子物性工学 ―量子力学の基本と応用―	阿部 正紀著	154	2835円
B-12	（第4回）	波動解析基礎	小柴 正則著	162	2730円
B-13	（第2回）	電磁気計測	岩﨑 俊著	182	3045円

基盤

	配本順			頁	定価
C-1	（第13回）	情報・符号・暗号の理論	今井 秀樹著	220	3675円
C-2		ディジタル信号処理	西原 明法著		
C-3	（第25回）	電子回路	関根 慶太郎著	190	3465円
C-4	（第21回）	数理計画法	山下 信雄 福島 雅夫 共著	192	3150円
C-5		通信システム工学	三木 哲也著		
C-6	（第17回）	インターネット工学	後藤 滋樹 外山 勝保 共著	162	2940円
C-7	（第3回）	画像・メディア工学	吹抜 敬彦著	182	3045円
C-8		音声・言語処理	広瀬 啓吉著		
C-9	（第11回）	コンピュータアーキテクチャ	坂井 修一著	158	2835円

配本順				頁	定価
C-10		オペレーティングシステム	徳田英幸 著		
C-11		ソフトウェア基礎	外山芳人 著		
C-12		データベース	田中克己 著		
C-13		集積回路設計	浅田邦博 著		
C-14		電子デバイス	和保孝夫 著		
C-15	(第8回)	光・電磁波工学	鹿子嶋憲一 著	200	3465円
C-16		電子物性工学	奥村次徳 著		

展 開

D-1		量子情報工学	山崎浩一 著		
D-2		複雑性科学	松本隆 編著		
D-3	(第22回)	非線形理論	香田徹 著	208	3780円
D-4		ソフトコンピューティング	山川烈・堀尾恵一 共著		
D-5	(第23回)	モバイルコミュニケーション	中川正雄・大槻知明 共著	176	3150円
D-6		モバイルコンピューティング	中島達夫 著		
D-7		データ圧縮	谷本正幸 著		
D-8	(第12回)	現代暗号の基礎数理	黒澤馨・尾形わかは 共著	198	3255円
D-10		ヒューマンインタフェース	西田正吾・加藤博一 共著		
D-11	(第18回)	結像光学の基礎	本田捷夫 著	174	3150円
D-12		コンピュータグラフィックス	山本強 著		
D-13		自然言語処理	松本裕治 著		
D-14	(第5回)	並列分散処理	谷口秀夫 著	148	2415円
D-15		電波システム工学	唐沢好男・藤井威生 共著		
D-16		電磁環境工学	徳田正満 著		
D-17	(第16回)	VLSI工学 ─基礎・設計編─	岩田穆 著	182	3255円
D-18	(第10回)	超高速エレクトロニクス	中村友義・三島友義 共著	158	2730円
D-19		量子効果エレクトロニクス	荒川泰彦 著		
D-20		先端光エレクトロニクス	大津元一 著		
D-21		先端マイクロエレクトロニクス	小田柳光正・高木徹 共著		
D-22		ゲノム情報処理	小池麻利久子 編著		
D-23	(第24回)	バイオ情報学 ─パーソナルゲノム解析から生体シミュレーションまで─	小長谷明彦 著	172	3150円
D-24	(第7回)	脳工学	武田常広 著	240	3990円
D-25		生体・福祉工学	伊福部達 著		
D-26		医用工学	菊地眞 編著		
D-27	(第15回)	VLSI工学 ─製造プロセス編─	角南英夫 著	204	3465円

定価は本体価格+税5%です。
定価は変更されることがありますのでご了承下さい。

図書目録進呈◆

大学講義シリーズ

(各巻A5判，欠番は品切です)

配本順		著者	頁	定価
(2回)	通信網・交換工学	雁部 顕一 著	274	3150円
(3回)	伝送回路	古賀 利郎 著	216	2625円
(4回)	基礎システム理論	古田・佐野 共著	206	2625円
(6回)	電力系統工学	関根 泰次 他著	230	2415円
(7回)	音響振動工学	西山 静男 他著	270	2730円
(10回)	基礎電子物性工学	川辺 和夫 他著	264	2625円
(11回)	電磁気学	岡本 允夫 著	384	3990円
(12回)	高電圧工学	升谷・中田 共著	192	2310円
(14回)	電波伝送工学	安達・米山 共著	304	3360円
(15回)	数値解析(1)	有本 卓 著	234	2940円
(16回)	電子工学概論	奥田 孝美 著	224	2835円
(17回)	基礎電気回路(1)	羽鳥 孝三 著	216	2625円
(18回)	電力伝送工学	木下 仁志 他著	318	3570円
(19回)	基礎電気回路(2)	羽鳥 孝三 著	292	3150円
(20回)	基礎電子回路	原田 耕介 他著	260	2835円
(21回)	計算機ソフトウェア	手塚・海尻 共著	198	2520円
(22回)	原子工学概論	都甲・岡 共著	168	2310円
(23回)	基礎ディジタル制御	美多 勉 他著	216	2520円
(24回)	新電磁気計測	大照 完 他著	210	2625円
(25回)	基礎電子計算機	鈴木 久喜 他著	260	2835円
(26回)	電子デバイス工学	藤井 忠邦 著	274	3360円
(27回)	マイクロ波・光工学	宮内 一洋 他著	228	2625円
(28回)	半導体デバイス工学	石原 宏 著	264	2940円
(29回)	量子力学概論	権藤 靖夫 著	164	2100円
(30回)	光・量子エレクトロニクス	藤岡・小原・齊藤 共著	180	2310円
(31回)	ディジタル回路	高橋 寛 他著	178	2415円
(32回)	改訂回路理論(1)	石井 順也 著	200	2625円
(33回)	改訂回路理論(2)	石井 順也 著	210	2835円
(34回)	制御工学	森 泰親 著	234	2940円
(35回)	新版 集積回路工学(1) ―プロセス・デバイス技術編―	永田・柳井 共著	270	3360円
(36回)	新版 集積回路工学(2) ―回路技術編―	永田・柳井 共著	300	3675円

以下続刊

電気機器学	中西・正田・村上 共著	電気・電子材料	水谷 照吉 他著
半導体物性工学	長谷川 英機 他著	情報システム理論	長谷川・高橋・笠原 共著
数値解析(2)	有本 卓 著	現代システム理論	神山 真一 著

定価は本体価格+税5％です。
定価は変更されることがありますのでご了承下さい。

図書目録進呈◆